至味在身边

陈晓卿 主编

中信出版集团 | 北京

图书在版编目（CIP）数据

风味人间 : 至味在身边 / 陈晓卿主编. -- 北京 : 中信出版社，2020.6（2022.4重印）
ISBN 978-7-5217-1799-0

Ⅰ. ①风… Ⅱ. ①陈… Ⅲ. ①饮食–文化–中国 Ⅳ. ①TS971.2

中国版本图书馆CIP数据核字(2020)第065893号

风味人间——至味在身边

主　　编：陈晓卿
出版发行：中信出版集团股份有限公司
（北京市朝阳区惠新东街甲4号富盛大厦2座　邮编　100029）
承 印 者：北京雅昌艺术印刷有限公司

开　　本：787mm×1092mm　1/16　　印　　张：23.5　　字　　数：174千字
版　　次：2020年6月第1版　　印　　次：2022年4月第4次印刷
书　　号：ISBN 978-7-5217-1799-0
定　　价：88.00元

1
LEGEND OF SWEETNESS

LOOK !
CRAB
2

3
ALL ABOUT SAUCE
酱料四海谈

FIGHT
HASLET
4

CHARM
OF
CHICKEN
5

6

7
香肠万象集
ALL ABOUT SAUSAGES

8

序言

除了美味，还有那些曾经的美好

陈晓卿

1

2020 年 4 月 26 日，《风味人间》第二季上线。似乎应该写点儿什么，来纪念这段忙碌又充实的日子。

一个多月前，照例通宵加班。

快凌晨的时候，茶水间突然传来大平的惊呼："快看，下雪了！"有人开始往窗口聚拢。我边走边想，都 3 月了，怎么还会下雪？

天色微明，楼下薄薄一层白色。再仔细看，原来是院子里的玉兰，已经不知不觉开了。"玉兰花怎么又开了？"大平有点儿不好意思，边擦眼镜边咕哝，"哦，我们这吭哧吭哧，都一年多了。"

可不是吗？时间过得真快。纪录片制作周期动辄一年，作为离法定退休年龄只有 5 年的人，每次看到玉兰花在眼前盛开，我心中总会有一丝异样的感觉掠过。

2019年元旦假期结束，《风味人间》第二季开始建组，满世界寻找导演，最后到岗的导演、摄像、调研员有和我一起工作过的，也有和我第一次合作的。大家和从前一样，培训、看书、找题、写大纲、实地调研，一个小制作公司，能够这样把之前天各一方的人聚合起来，按照统一的模式推进流程，我还是挺有信心的。

大平本名张平，是这个节目的制片人之一。在《风味人间》第一季，她是分集导演，相信不少人对她镜头下的牧民转场故事和镖旗鱼还有深刻的印象。不过第一季结束时大家打趣说，她的节目质量和儿子的学习成绩刚好成反比——大平常年出差，她的儿子虎仔正上小学三年级，我见过这位小朋友在剪辑台旁边上网课补习。

这一季让大平做制片人，出发点是希望她坐镇北京掌控全局，同时能抽出更多时间陪陪儿子。不过，后来她出差的频率并没有明显减少。所以直到今天，每次见到她，我最好奇的是虎仔的成绩到底怎么样了？但我真的不好意思问。

今年，是李勇收获的一年。春节期间，勇哥担任总导演的自然类纪录片《蔚蓝之境》，历时五年半制作，终于在央视播出，并且大获好评。他和我合作过，在《风味人间》第二季，我希望勇哥能够把更多的经验与大家分享。

勇哥热爱自己的职业，喜欢阅读，是个闷骚的文艺青年。担任总导演后，从节目分集方案起草、前期拍摄，到解说词撰写，甚至后期调色，勇哥都亲力亲为。出生在齐鲁“姜葱大地”，勇哥知书达理、以德服人，为人特别稳当。比如，第二季原本计划和第一季一样，七集内容加一集花絮。勇哥心里不踏实，主张单做出一集用来“备份”，多稳当啊？结果拍着拍着就变成了八集！

我说这些是想表达，相比第一季，我在第二季的拍摄上轻松了很多，这是因为大平和勇哥帮我分担了许多工作。看到年轻人快速成长，独当一面，这是比平稳完成节目更值得喜悦和欣慰的。

2

当然，过去的 16 个月，我们还是经历了不少波折。

这次的播出日期——4 月 26 日，对于团队来说确实是个有意义的日子。3 年前的今天，稻来纪录片实验室成立。一群人聚在这个工作室，尝试在商业纪录片领域做点儿事情。理想总是丰满的，但现实多少有些“骨感”。

从我正式开始做美食纪录片，到现在已经快十年了。它源于我的爱好，但在创作的过程当中，我每一次都会经历煎熬。商业纪录片的市场化特质，让我们必须在一定的模式框架下工作，但创业容易守业难，问题的关键在于如何在看似重复的套路里，每次都能给观众带来新的惊喜。

我有次和节目作曲人阿鲲聊天，希望他对某段音乐既保留一些原有的符号特征，又能让人耳目一新。阿鲲搓着手说：“这几乎不可能，从 0 到 1 叫耳目一新，这是质变；从 1 到 2，这叫量变。”我们实际上从第一季到第二季，就是个量变的过程。但人总是这么复杂，既要求稳，又要求变；既不想失去原来的观众，又想通过变化吸引更多的人群。

工作室诞生于互联网时代，而我们这些核心主创又都是从传统媒体过来的，在拥抱新事物的过程当中，总伴随着无数纠结。我们无数次徘徊在传统纪录片、所谓的网生纪录片，以及现在的短视频之间。我们有时很想迎合现在年轻观众的胃口，但反复试验，仍很难跨出那一大步。如同一个从事京剧表演三四十年的人，突然改去做说唱歌手，存在的不是技术的问题，而是自信的问题。

和从前不同的是，我们现在唯一要负责的是观众。我们非常清楚，一个小制作机构，一旦没有了观众，就没有了价值。我们的长项是专业制作，希望能够把最诱人的美食加上精彩的故事，传递给观众。所以，在新的一季节目里，我们在制作手段上做了一些新的尝试，但我觉得这不值一提。我更在意的是不变的部分——对专业主义精神的仰视。

在选材上，我们找到 8 个有趣的切入点，可能和我之前做过的任何一部美食纪录片不同，我们最开始还有些担心素材不够，最后我们发现用 50 分钟讲完一种食物，是完全不可能实现的任务。其中最大的原因，还是人类的差异太大。

比如，日本人吃螃蟹，要把螃蟹处理得精致到“变态”；美国人吃螃蟹，则是只取其中几块肉，剩下的都不要，其中就包括中国人最珍视的膏和黄，多可惜啊。再比如，同样是蛋与肉泥的结合，英国人用肉裹上蛋油炸，滋味不错；在武夷山区，家庭主妇能小心翼翼又快速地把肉放到蛋黄的内部，这是多么有趣的“南辕北辙”。这些不仅代表着人们对待食物的智慧，也暗含着他们各自的生活哲理，对人生、对天地认知的不同。

3

该说说这一季的内容了。

和以往不同，这次的 8 集，聚焦了 8 种（类）食物。我们希望观众看到，在这个星球上，不同地域、不同民族，对同一种食物会有什么样的态度，他们处理食物的方法，享用食物的方式，分别与他们的生活有着什么样的关联。

最初，这一季《风味人间》有另一个名字——《撞食记》。这个古灵精怪的名字，来自我们的总顾问沈宏非，取意源自撞色或撞衫，有一种不失尴尬的会心——正如人们在面对美食的时候，既有相互瞧不上的智慧，也有心有灵犀的不谋而合和异曲同工。

在现实生活里，我们经常能够看到人们为了口味差异发生争论，有着各式各样的“鄙视链”，诸如豆花的甜党与咸党之争，粽子里该不该放肉的讨论……

我是一个口味边界非常模糊的人，在味道这件事上，个人的态度非常明朗：如果有人觉得自己掌握了风味的唯一标准答案，那只能说明这个人见识太少，并不了解世界的复杂性和丰富性。

食物是平等的，对待食物的不同态度不仅有社会学、人类学的意义。仅从风味的角度理解，见识、理解和懂得欣赏一种陌生的食物，都像发现了一个新的星系。

所有人都有在公共平台表达意见的权利，互联网的出现，进一步为人们的表达和交流提供了便利，出现了各种不同的观点和立场。但我个人总觉得，我们共同在这个世界生存，应该更多地求同存异，寻找共识。

在参差多态的生活方式中，寻找人类对美食殊途同归的热爱，依旧是我们纪录片的主题。

从做纪录片到做美食纪录片，很多朋友都认为我把职业和兴趣爱好结合得完美无缺。其实对于做任何一件事情来说，你只有深入进去，才会知道自己有多无知。我在任何场合都没有把自己当成一个美食家，而是将自己定位为一个对美食充满兴趣的人。对于我们的创作集体，我也是这样要求的，要做一个对世界充满好奇的人，要做一个热爱生活的人。

有意思的是，在生活里，经常有人找我请教有关美食的问题，无论我怎么解释，他们都觉得我谦虚得有些矫揉造作。但我总会不厌其烦地解释，美食和餐饮完全是两个行业，对于后者，我真的不甚了解。我不过是阴差阳错地选择了拍摄纪录片作为自己的职业，并且误打误撞地凭借美食纪录片为人所知。

我们有幸生在如今这个飞速变化的时代，几乎过不了多长时间，就有新的“蓝海”或者“红海”出现。众所周知，从十多年前开始，国家对纪录片产业多有扶持。与此同时，物质生产的极大丰富，也促进了美食产业不断发展。有句话说，“在风口上，猪都能飞”。而美食纪录片恰好处于两个“风口”之上，它得飞多高啊？所以我很有自知之明，知道自己的定位，从不敢故作高深。我更不会因为能扇动耳朵，就以为自己真的会飞翔。

尤其是在美食纪录片这一领域，类似节目长时间地频繁出现在传统媒体和网络平台上，观众确有需求，但节目的长期疲劳轰炸，也造成了收视的透支。尤其是国内外同行不断创新的角度和不断精进的技术，无形中给了我们巨大的压力。再加上目前国内纪录片观众的成熟度也是前所未有的，我们只能怀着一颗虔诚和敬畏的心勉力为之，不敢有丝毫大意。

4

当然，回顾一年多的创作历程，最大的困难出现在节目拍摄即将收尾的时候，一场疫情席卷了世界。

2 月底，有天在饭点时间，我开车路过北京往日热闹非凡的 CBD（中央商务区），目之所及，是一个又一个黑洞一般的餐厅。我们见证了这段历史，世界似乎是凝固了的。疫情对美食行业的巨大打击，也波及我们的节目。

我们的制作流程是，先做田野调查、拍摄故事，局部的美食呈现都需要后期在餐厅仔细拍摄，才能产生最佳的视觉效果。但我们在即将进入这个流程的时候，已经无法出差，甚至在北京也找不到一家可以拍摄的餐厅。好在我们过去交到了一些做餐饮的朋友，让人感动的是，这些朋友为我们的拍摄单独选购食材，单独约厨师。拍摄时，直到开机的刹那厨师才摘下口罩……

团队也受到了影响。春节后，因为不能聚集，所有的剪辑会议都是在线上开的，沟通成本无限加大。我每次去卫生间都能看到自己的双眼像兔子的一样，那是一天到晚盯着屏幕的结果。制作周期几近失控，北京宣布部分复工的第一天，东郊的一个文创园里，最早走进去的就是与我一样年过半百的金牌解说李立宏，还有我们的音响总监凌青。

确实太难了。

不过即便在这样的环境下，我们所有的参与者也都表现了非常高的职业素养，尽管成员各自隔离，但团队始终未散。一些家在外地的导演，甚至在制作完成之前一直没有回到家人身边。

让人感到温暖的还不止于此，工作室总是能够接到来自全国各地的"投喂"，从年糕到青团，从春茶到刀鱼馄饨……那么多朋友让蜗居机房的我们，感受到了美味和季节的流转。

我们的工作室紧邻着一个住宅区的大门，过往的人群喧闹，变成了今天的人烟稀疏。空荡荡的大门口，偶尔有行色匆匆的人戴着口罩经过，喇叭里无限次重复着："请出示出入证，请出示出入证……"

而我们的屏幕上，却是另一番风景：温和的微笑，紧握的双手，深情的拥抱，亲密的吻，以及家庭的欢宴……看着节目，再看看窗外，有一刻我会想，节目里的生活才是生活应有的模样，希望疫情早一天过去，让我们的世界重新充满美味和欢乐。

如果在节目播出时，有人在这部纪录片里不仅看到了美味，而且看到了人类曾经的美好，并由此更加珍惜今天，那么这样的观众，一定是《风味人间》真正的知音。

甜蜜缥缈录
LEGEND
OF
SWEETNESS
1
在风味星球上
有一种味道吸引人们深入险境
这种味道穿过舌尖
给全身心传递着安全、美好的信号
它藏身大千世界
也牵动滋味江湖
我们在日常点滴的欢愉中
缥缈世事的况味里
与甜一次又一次相逢

壹｜崖蜜

尼泊尔　米亚格迪

舍 命 之 甜

人无疑是大地的主人，却又是胃肠的奴隶。

——[俄] 冈察洛夫

两百米高空，没有任何防护，用最原始的方式，置身凶险之境，只为获取一种甜蜜食材。

尼泊尔，喜马拉雅山南麓，雨季提前到来。

59 岁的泰克，是部族中为数不多的蜂蜜猎人。自然的馈赠向来阴晴难料，大雨突如其来，让今年的第一次猎蜜被迫终止。

左页 | 俯拍采蜜人

蜂，全球种类多达上万种。这种神奇昆虫酿造的蜜露，是人类早期珍贵的甜味来源。正是从蜂蜜里，我们的祖先获得对美味的初始体验。

大自然四季循环，甜味来源十分稀少，在能够获取蜂蜜的季节，泰克和族人总是甘愿冒险。

烟雾是对抗蜜蜂的唯一武器，但火也有可能引燃藤梯。喜马拉雅巨蜂，世界上体型最大的蜜蜂，对来犯者发起反攻。而泰克脚下是上百米的悬崖。伙伴努力稳住藤梯。接下来，泰克要完成一系列危险操作。

细绳连接藤梯。哥哥递上竹竿，这是固定身体和靠近悬崖的工具。竹竿钉进岩石缝隙。将身体拉近崖壁。右脚支撑刀具，仅凭左脚脚尖站立。

这大概是世界上最危险的工作，每年都有人为此付出生命。

右页上 | 泰克遭到蜜蜂攻击
右页下左 | 修补藤梯
右页下右 | 收获崖蜜

泰克把竹竿钉进岩石缝隙

▌让每一阵风都吹来蜂蜜，
让每一条河都流淌着蜂蜜。

一个蜂巢只取一半，确保来年仍然有蜜可采。风险越高，回报往往越加丰厚，泰克收获了今年的第一批崖蜜。

泰克所属的昌泰尔族，人数不足 5000，每年夏季猎取的崖蜜，是全家最大的一笔收入。

因为蜂蜜的到来，今天的晚餐会与往常不同。

崖蜜是世界上获取难度最高的蜂蜜，甜香醇厚，只用一勺，平常的食物就能瞬间焕发光彩。蜂蜜 70% 以上的成分是果糖和葡萄糖，极易被身体吸收，迅速转化成能量。

蜜和糖在很长时期内都属于珍贵资源，曾是财富和权力的象征，直到一些草本植物被广泛种植，甜才逐渐走进寻常人家。

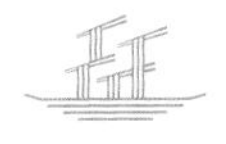

左页上 | 家人一起熬蜂蜜糖
左页下 | 淋上崖蜜的古隆面包

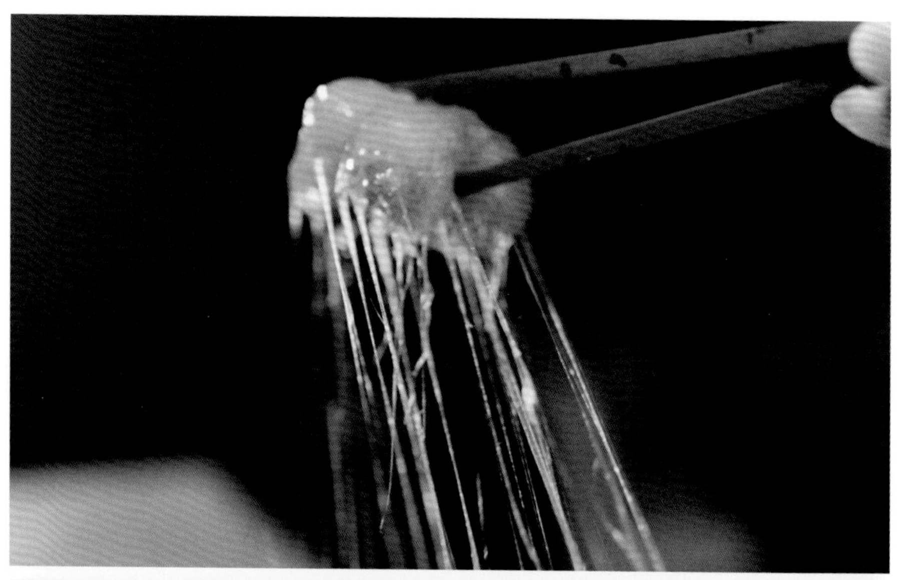

贰 | 蔗糖

中国　贵州兴义

纯 粹 之 甜

在贵州西南部，立春是甘蔗收获的季节。甘蔗一旦被收割，甜度就开始迅速下降，全村人都要为此忙碌。榨出的汁液用旺火熬煮，持续挥发水分，滤出杂质，最终获得浓缩的粗糖。

2000 多年前，甘蔗传入中国；数百年后，这种制糖工艺才逐渐被我们掌握。糖可在不同温度下任意改变分子排列，了解这个特性，就掌握了塑造甜食的密码。

拔丝菜品，是中餐里妙趣横生的菜品。白糖在油中溶化，精准控温，不停翻炒，讲究眼疾手快。同样需要手快的还有食客，在热糖将凝未凝的临界点，适时起筷，甜蜜一丝一缕，稍纵即逝。

糖的可塑性，给全世界带来形形色色、统称为“甜点”的食物。甜食能快速给身体补充糖分，促使大脑分泌大量多巴胺，幸福和愉悦的信息传递至神经，给人带来高度的满足感。

左页上 | 拔丝苹果
左页下 | 手工红糖

左页 | 橙子慕斯
右页上左 | 甜品：摔碎的“蛋”
右页上右 | 熔岩巧克力蛋糕
右页下左 | 马卡龙
右页下右 | 珍珠雪崩蛋糕

叁 | 扬州双绝

中国 江苏扬州

似 隐 若 现 之 甜

扬州，古运河与长江交汇，南方和北方相遇。中国人的口味喜好，南甜北咸，这里是中间的支点。

扬州人用甜推开了每个清晨的大门。

天还没亮，白案总厨王猛便早早赶到后厨，开始为早茶做准备。近 30 年功力傍身，王猛最了解糖在面点中的妙用。把时令蔬菜剁碎，取其清爽，撒入大量白糖，铺垫第二层底味，最后加入盐和猪油，为馅料增香调味。馅料放入面皮，团成斗状，咸鲜的火腿末装点其上。

左页上 | 翡翠烧卖
左页下 | 千层油糕

甜中带咸，咸不压甜，翡翠烧卖的甜似隐若现。

另外一道点心，王猛轻易不愿假手于人。面团充分发酵，松软不易成形，只有功力深厚的内家高手，才能驾驭自如。2 公斤面粉，1 公斤糖，再堆满糖渍数日的猪板油丁，糖和油被层层包裹，密实封存。高温下，糖和猪板油充分溶解，快速渗透。在水蒸气的包围中，油糕不断膨胀，变得越发蓬松。

右页上 | 翡翠烧卖
右页左中 | 将时令蔬菜剁碎
右页左下 | 将含有馅料的面皮团成斗状
右页右下 | 挤出菜汁

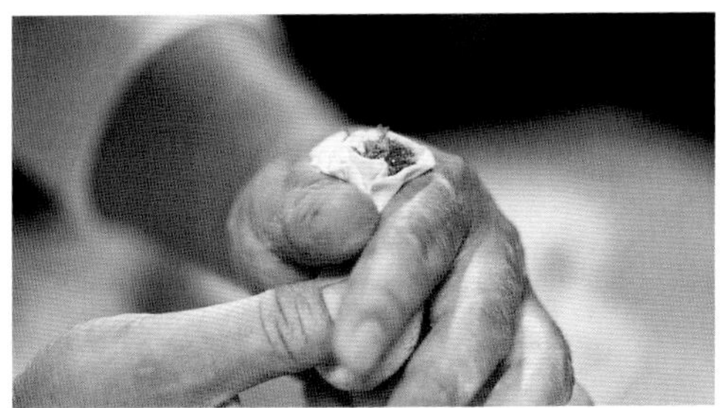

此时的糖已经消弭于无形，踪迹缥缈。油糕呈半透明的芙蓉色，绵软甜润，可达惊人的 64 层。这就是千层油糕，与翡翠烧卖并称“扬州双绝”。

有了早茶，一天的闲适便有了安放的去处。

因为对糖的精妙运用，低调平和的两道点心，赢得了“双绝”的称号，其温婉细腻，暗合扬州人的口味。

糖无从找寻，而甜却无处不在。事了拂衣去，深藏功与名。

但在亚洲的另一端，人们却愿意把糖的使用，发挥到无以复加的极致境地。

左页上 | 千层油糕
左页中左 | 和面
左页中右 | 糖渍猪板油丁
左页下左 | 油糕表面
左页下右 | 蒸油糕

肆 | 巴克拉瓦

土耳其　伊斯坦布尔、加济安泰普

匠心之甜

让一千万人聚集在伊斯坦布尔的，
是生计、利益和账单，但支撑茫茫人海的只有一样东西……
——[土耳其] 费利特 · 奥尔罕 · 帕慕克

18 岁的萨哈特在伊斯坦布尔生活，是一名甜点学徒。早在 13 世纪，这里的甜点就已经闻名于世。

果仁蜜饼，土耳其甜点皇冠上的明珠，当地称作“巴克拉瓦”。由于其制作难度高，成为一名巴克拉瓦甜品师，并不是一件容易的事。

左页 | 巴克拉瓦

MEHMET
YILDIRIM

擀面皮是跨入门槛的第一步。将十几张面皮同时擀压，每张厚度不超过0.1毫米。加奶酪，撒开心果碎，上下覆盖20层面皮，巴克拉瓦的精巧姿态逐渐成形。然而，萨哈特的手艺距离巴克拉瓦制作的核心，尚有一步之遥。

对糖的运用是决定巴克拉瓦成色的关键，经过多年观察，老师决定让萨哈特进入下一阶段的学习。并不是所有的擀皮工都能有这份幸运，萨哈特想和家人分享这个消息。

萨哈特的家乡，加济安泰普，是巴克拉瓦的发源地。无论是传统熬糖技术，还是糖茶，故乡生活的每一个细节都充满甜蜜的身影。

土耳其人相信，甜食等同于善良的心和温暖的话。

味道的延续，离不开对源头的追溯。成就一名巴克拉瓦甜品师，需要几代人的支持和付出。

回到伊斯坦布尔，萨哈特开始新的学习。

左页上左 | 巴克拉瓦制作
左页上右 | 甜点学徒萨哈特
左页下 | 撒开心果碎

白砂糖在热水中不断溶化，柠檬汁的加入，促进糖水解，甜度变高，黏度变低而不易结块。温度、酸度、水和时间共同作用，使糖液达到完美平衡。

在经验丰富的老师那里，复杂的方程式转换成对色泽、黏度及拉丝长短的感受。微妙而难以言说，却总能精准拿捏。要成为真正的行家，萨哈特还有很长的路要走。

巴克拉瓦焙烤起酥。但制作并没有结束，最重要的步骤还要仰仗老师的经验。糖浆与油脂相遇，酥皮浑身战栗，这一刻被称作“唤醒的瞬间”。浓郁香气层层浸透，酥皮在口腔中溶化的刹那，甜锋芒毕露。或许，只有如此的坚决和果断，才能使甜支撑起伊斯坦布尔的茫茫人海。

食物无法脱离脚下的土地。那些风物、气息，过往的岁月与记忆，共同聚成一个名字，我们称之为“味道”。无论是中式甜点的春风化雨，还是西亚国度对甜的“快意恩仇”，莫不如此。

糖不仅给甜食注入灵魂，进入烹与调的江湖，它有更多机会一试身手。对于糖的用量、时机及火候掌握，中国不同地区千差万别，糖所演化出的形态和对食物的点化，也各有千秋。

右页 | 巴克拉瓦

伍 | 甜烧白

中国　四川青城山

复 合 之 甜

即将到来的长假，几乎每天都被排满，这是夏伟最繁忙的一周。第一场是婚宴，要持续2天。

四川乡村，在院子里邀请亲友聚餐，被称作“坝坝宴”。作为乡村厨师，夏伟和搭档们要负责所有人的餐食。

左页 | 坝坝宴现场

麻辣是川菜给人的第一印象，事实上，多元味道的调和才是蜀地饮食的核心。川菜推崇复合味，在烹饪中，糖与调味料协同，创造荔枝口、鱼香味等独有味型。无论是餐厅后厨，还是乡间灶头，复合调味都是川厨的看家本领。从冷盘到热炒，糖都不动声色地隐匿其间。

第一天是序曲，接下来，坝坝宴真正的大戏即将登场。乡厨的烹饪从食材处理阶段就已经开始。夏伟要挑出风味富集的部位，制作明天的压轴大菜。

大锅烧热，烫净猪皮。猪肉煮至八分熟，切连刀薄片，九成肥、一成瘦。嵌入红砂糖，于土碗中错叠。水中调油，加入红糖，旺火熬成糖油，给肥腴的猪肉涂上浓墨重彩。糯米煮到半熟，再经过糖油洗礼，显得妩媚动人。

如今，不管婚礼样式如何混搭，宴席上依旧是传统的九斗碗，其中最引人注目的必然是吉庆而美味的甜烧白。白肉油脂尽出，服帖地瘫软在清甜的糯米上，只剩下又沙又糯的口感和柔顺缠绵的酣甜。糖早已化为甘香，无须显山露水，它绝对是今天的主角。

右页上 | 挂丝千层肚
右页中左 | 卤肘子
右页中右 | 清蒸鲍鱼
右页下左 | 甜烧白
右页下中 | 豌豆酒米
右页下右 | 传统香碗

不管在哪里，人们总喜欢把幸福和美好的感受，跟甜联系在一起。说到口味，各地的人历来莫衷一是。不过谈到甜，大家又都会相视一笑。杯盘尽扫，主客言欢，一位乡厨的志得意满，莫过于此时。

趋甜的本能，源于甜带来的满足感。正因如此，一些天然食材由于正当季或新鲜，不易察觉的一丝甘甜，总能让人怦然心动。

左页 | 坝坝宴菜品全家福
右页 | 夏伟与弟弟夏凯龙在后厨准备菜品

陆 | 鸡头米

中国　江苏苏州

时 令 之 甜

鸡头米，花苞状如鸡头，探出水面，开合两次，又重新沉入水下。饱胀的子房内，籽实继续生长。

鸡头米

鸡头米老了，新核桃下来了，夏天就快过去了。

——汪曾祺

将熟未熟之际，鸡头米迎来风味巅峰，马全林夫妇需要把握采摘的最好时机。这是今年第一轮收获，他们已足足等待半年。

苏州夏季多雨，一个多月的采摘期内，两人要跟随鸡头米成熟的节律，风雨无阻。六到八成熟的鸡头米，糖分含量最高，超过这个临界点，糖转化成淀粉，甜度和水润的口感都会大打折扣。

左页上 | 马全林的妻子翁雪珍在采摘鸡头米
左页中左 | 鸡头米苞切面
左页中 | 剥鸡头米
左页中右 | 剥鸡头米
左页下左 | 鸡头米苞外观特点
左页下右 | 鸡头米

品相最好、甜味最足的鸡头米，苏州人称为“大丹”。鸡头米质地娇柔，吹弹可破，朴实无华的烹饪最能衬托它的轻灵。弹韧的口感，软糯的溏心，加上粉嫩的清甜，一年不过一个多月，而且费时耗力，但为了这口特殊的甜，苏州人却乐此不疲。

鸡头米老了，夏天就快过去了。

右页上 | 水晶鸡头米包
右页中左 | 鸡头米炒虾仁
右页中 | 冰镇番茄鸡头米
右页中右 | 蟹粉炒鸡头米
右页下左 | 鸡头米糖粥
右页下右 | 鸡头米炒虾仁

柒 | 海胆

马来西亚　塔塔甘岛

海 获 之 甜

从湖泊到海洋，人们对甜的追逐，不因远离陆地而停歇。

独木舟已经在海上漂泊大半天，依然没有任何收获。17 岁的卡特哈兰再次入海。卡特哈兰是村里水性最好的年轻人，但每次下潜都不能大意。洋流带来大量水母，当地人称之为“海黄蜂”。水母（的触手）能喷射毒液，让猎物麻痹致死。

父子二人无功而返。

左页上 | 白棘三列海胆
左页下左 | 海胆
左页下中 | 刺冠海胆
左页下右 | 白棘三列海胆

塔塔甘岛，巴瑶族在马来西亚的聚居地。巴瑶族是世界上最后一支海洋民族，几乎终生不会踏上陆地。他们的饮食所需，大部分取自海洋。

新鲜海获含有丰富的糖原，这是海洋食材有甜味的主要原因。糖原含量越高，滋味越甜。

今天的午餐，姐姐准备了海胆饭团。全家人要带着它去更远的地方……
海上人家的饭食，烹饪简单。用海胆充当容器煮饭，海鲜与碳水化合物结合，美味的同时能快速补充能量。

下潜越深，氧气消耗越快。他们终于有所发现：白棘三列海胆，珊瑚礁区的房客。小小的海中鲜物并不能让人快速饱腹。然而，它的甜美出人意料。这是卡特哈兰一家在附近海域能得到的最鲜甜的食材，值得为它付出努力。

右页上 | 卡特哈兰与父亲准备潜水寻找海胆
右页中左 | 找到海胆
右页中右 | 吃海胆饭团
右页下 | 清理海胆

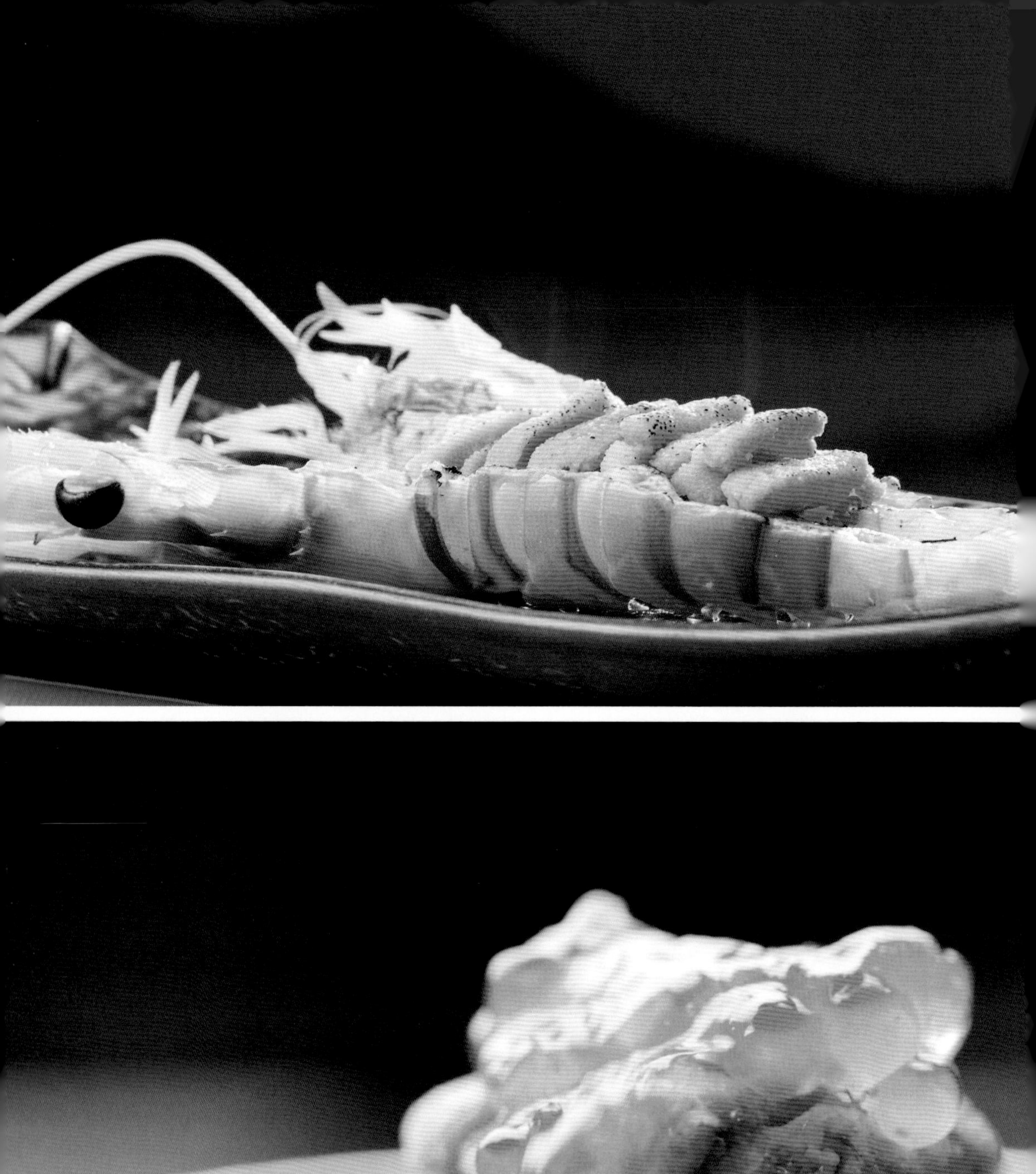

能给人类提供甜味感受的，不只有糖分子，氨基酸也能让人体验到甜的美好。海胆黄富含游离氨基酸，浓郁甘甜。颗粒细密的质地与脂肪，给人类送上欲拒还迎的迷人口感。

海获中的鲜甜，消解了海上生活的寡淡。除了给口舌带来的欢愉，甜更让人动容的，还有一种让人由心而生的微妙感受。

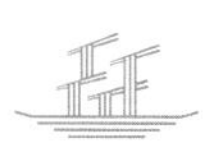

左页上 | 鳌虾海胆烧
左页下 | 海胆甜虾

捌 | 烧猪

中国　香港

私 藏 之 甜

香港，楼宇森林之下，每个街头档口都有私藏的美味。

新哥是烧猪作坊的师傅。今天，他要完成两件大事。他先要参加宗族祭拜。但凡重大场合，烧猪都会作为头菜出现。数百人的胃口，新哥必须一一满足。

烧味富含油脂的焦香给大家带来欢乐，然而新哥却必须抓紧时间离开。他有一个成绩不错的女儿，今天是高考发榜的日子。

消息有些出乎全家人的意料，然而生活还要继续。

左页 | 香港烧腊档

这是香港最后一家地炉烧猪作坊。每天清晨，新哥总是第一个到来。烧猪要用麦芽糖上皮。麦芽糖比蔗糖稳定性更高，有助于防止猪皮被火力烤焦。20年前，新哥开始从事这门职业。

传统烧猪，全靠炉壁高温，将整猪焗烤而熟，操作间热浪灼人。炉膛温度一直保持在300℃上下。麦芽糖减缓油脂和水分外溢，肉类自带的糖类物质与氨基酸和蛋白质聚合，上千种芳香物质如风暴般释放。

糖以无比神奇的方式，赋予食物诱人的色泽和风味。肥瘦黄金搭配，充分保留肉汁，猪皮变成迷人的焦糖色，入口爆香酥脆。

新哥依旧早出晚归，女儿也保持着以往的作息习惯， 这个湿热的夏天仍然漫长。

右页上 | 祭祀的烧猪
右页下 | 祭祀现场

忙碌之余，工友们喜欢煲汤解暑。苦瓜，南方人也叫它凉瓜，顾名思义，是人们用来清热的食材。地炉余温尚在，是现成的加热工具。世界上大多数苦味物质都来自植物。

与甜相反，苦是一种预警信号，但中国人却从中找到了甜的线索。

天然苦味化合物在口腔中缓缓沉淀，此时却有一丝甘甜，仿佛自舌根袅袅泛起，口舌生津，余韵绵长，中国人称之为“回甘”，这是甜味体验的另一番境界。

原木让人望而却步的味道，凭借巧思、忍耐，加上一双手和一些时间，竟能使人们巧妙地抵达它的对岸。也许只有经历过低谷和种种不如意，才更能知道，那些触手可及的日常和平淡，竟来得如此珍贵。

左页上 | 玫瑰露叉烧猪油捞饭
左页下左 | 烤肉淋酱汁
左页下右 | 苦瓜排骨汤

喜马拉雅山南麓，
泰克修补藤梯，
等待下一个猎蜜季节。

青城山，

夏伟终于有时间陪伴家人。

伊斯坦布尔，
萨哈特离梦想又近一步。

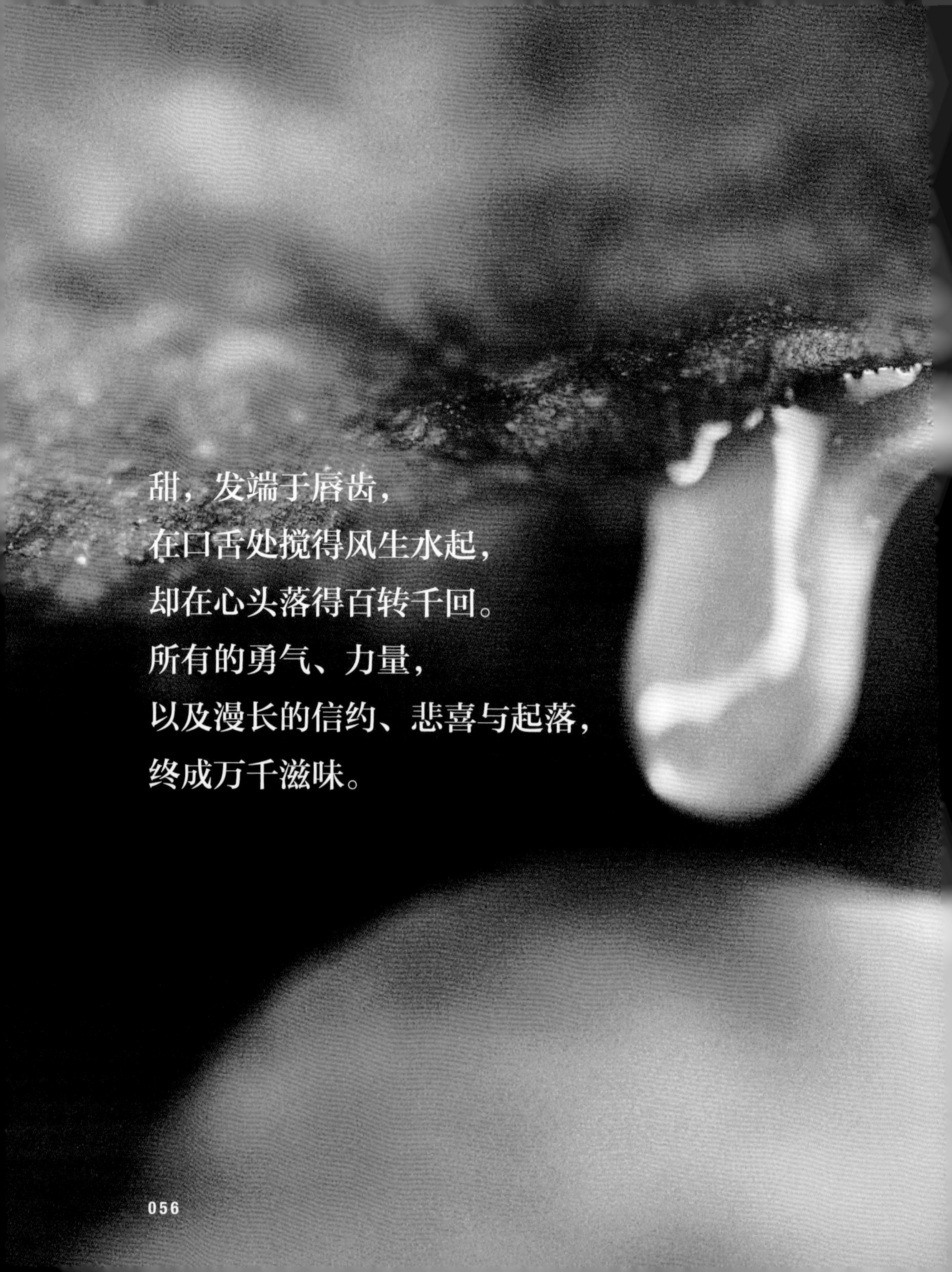

甜，发端于唇齿，
在口舌处搅得风生水起，
却在心头落得百转千回。
所有的勇气、力量，
以及漫长的信约、悲喜与起落，
终成万千滋味。

在人类的食单上
蟹是不可忽视的一员

它身披锐甲，霸道横行
内里却香温玉软

从第一个吃螃蟹的勇士
到无数人跨越千年的创造
不管是经久不衰，还是昙花一现
蟹的每一次亮相
总惹得江湖多事，. 风云开阖

壹 | 帝王蟹

挪威　内瑟比

极 地 之 勇

即使在地球的边缘，
古老的大自然仍蕴藏着至味的珍馐与无尽的丰饶。
——[挪威] 彼得 · 达斯

12 月，北极圈进入极夜。这片水域风暴频发，每年都会吞噬船只。但有一种特殊渔获，吸引着渔民铤而走险。

有 20 年捕捞经验的埃德加船长，今年运气不佳，捕捞额度有半数还未完成。今天，埃德加和助手彼得在新的地点投下蟹笼。蟹笼沉入海底，至少 24 个小时后才能收取。他们要捕获的猎物——帝王蟹，生活在数百米的海水深处。

左页上 | 帝王蟹
左页下 | 帝王蟹 - 蒸熟后

由于全球变暖，习惯冷水的蟹群北移，曾经的捕蟹点难有收获，一天前投放的蟹笼又一次扑空。埃德加期待新的捕蟹点能带来好运。

作为入侵物种，帝王蟹出现在巴伦支海只有半个多世纪。这种两侧步足平展超过一米的硕大生物，其实是寄居蟹的近亲。新鲜帝王蟹，腿肉丰盈饱满，可以直接生食，入口水润筋道。炭火炙烤，鲜甜之外平添细微的焦香。在挪威，厨师不断超越想象的边界，帝王蟹的风味得以大放异彩。

天气转阴，渔船陆续回港。让埃德加和彼得担心的是，饵料一旦被吃完，会影响笼中帝王蟹的品质，他们必须马上行动。海上天气变幻莫测，但为了增加收获概率，埃德加将渔船驶出更远，并持续投放蟹笼。至于前一天投放的蟹笼收成如何，谁也没有把握。

风雪越发猛烈，手上动作必须加快。钢架蟹笼自重 50 公斤，船只颠簸，操作难度加大。经过一番拉锯战，上百公斤帝王蟹终于浮出水面。

右页上 | 捕捞帝王蟹
右页下左 | 帝王蟹在笼中
右页下右 | 帝王蟹加工

人类在极地的苦寒之境扎根，历史不过数千年，
在此之前，蟹的足迹早已遍布整个星球。

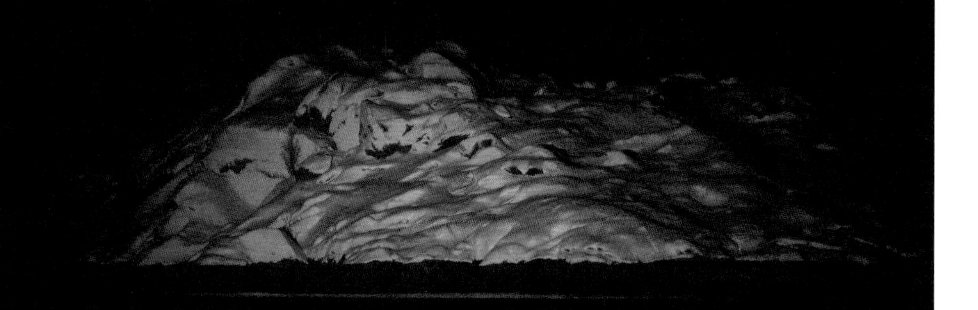

挪威巴伦支海

极夜还要持续 40 多天，在绚烂的极光和漫长的严寒中，圣诞节如期而至。当然，也伴随着丰盛的收获。船长从来不为菜单发愁，没有什么比刚从海里捕获的帝王蟹更令人欣喜。

清水白灼，蟹肉紧致弹牙。待到冷却，越发清甜润口。搭配烘烤过的吐司，大海与阳光的味道在这一刻聚首。

作为蟹中之王，帝王蟹给人以冒险的勇气，也为挪威人的餐桌增添期待与鲜甜。

在等待太阳归来的日子里，人们用食物犒赏全年的辛劳。

人们对蟹的追逐，虽然远隔山海，却不约而同。

左页上 | 圣诞聚餐品尝帝王蟹
左页左下 | 蟹腿刺身
左页右中 | 帝王蟹腿肉
左页右下 | 帝王蟹沙拉

贰 | 山螃蟹

中国　云南沧源

溪　趣

有一种螃蟹，远离江海，深居内陆。

秋天，林中食材最为丰富。但对肖志成父子而言，一种特殊美味才是此行的目标。它们是山中隐士，栖息在少有人烟的密林深处，佤族人称之为山螃蟹。陆地上，山螃蟹小心翼翼，踏入溪水，却身手敏捷，因此也叫作溪蟹。

左页 | 云南沧源
右页 | 山螃蟹

佤族人认为自己是大自然的一部分，为了维持螃蟹的繁衍，他们从幼年开始就要学习辨别雌雄，保持着捕公不捕母的原则。

在中国人漫长的食蟹史上，最古老的吃法可以追溯到2000多年前。古人将蟹直接捣碎成酱，称为“蟹胥”，这一做法在今日佤族人的饮食中仍然留有痕迹。再复杂的原料都可以用同样简单的方法处理，这是佤族人的烹饪习惯。以舂代拌，食材和佐料舂为一体，风味完全融合，口感得以重塑。一碟时令小鲜，是全家人的下饭神器。唇齿间，蟹壳碎轻柔摩擦，咀嚼中别有一番趣味。

本节内容如实记录传统饮食方式，
溪蟹对淡水生态有益，请谨慎尝试

左页 | 主人公与山螃蟹
右页上 | 烤山螃蟹
右页下左 | 鲜笋蟹汤
右页下右 | 舂蟹

叁 | 大闸蟹

中国　江苏苏州

至 鲜 六 月 黄

蟹，历来被认为是水中至鲜，也是理想的肉类蛋白来源。全世界有 6000 多种蟹，其中的佼佼者，千百年来从未缺席中国人的食材榜单，这就是大闸蟹。食蟹行家最清楚，如何巨细无遗地吃完整只大闸蟹。不同部位，经厨师之手，都能用得恰到好处。秋末，大闸蟹“官宣”登台，但很少有人看过这部“大片”的前传。

农历六月，天气炎热。少年大闸蟹，正为跨入成年积蓄能量。其体内的蟹黄还没有发生转变，含量几乎达到顶峰。

蟹黄呈半流质，轻嘬一口，鲜香在口腔中散开。这个阶段的大闸蟹，被称为“六月黄”。不管是炒还是炸，应季食材抢先与蟹黄“有染”，图的就是一口鲜味。

六月黄，最初为控制养殖密度而提前出水，却因为壳薄黄多，让食客的馋虫提前得到满足。理解了螃蟹的生长规律，对风味也就多了另外的选择。

左页上 | 清蒸六月黄
左页中左 | 咸肉蒸六月黄　左页中右 | 醉蟹
左页下左 | 毛豆家烧六月黄　左页下右 | 蟹黄特写

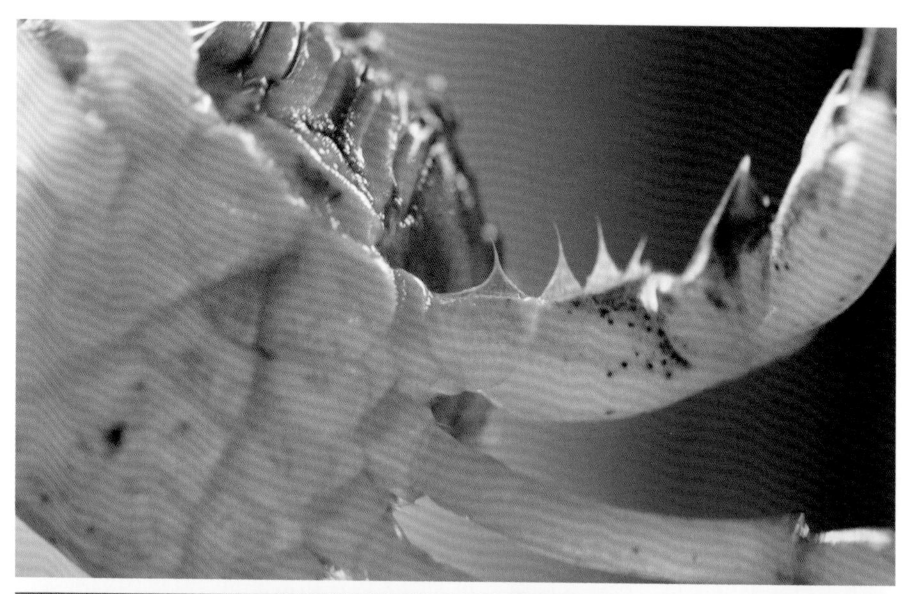

肆 | 软壳蟹

意大利　威尼斯布拉诺岛

尝 鲜 时 机

大自然慷慨地赋予了威尼斯一切美好的东西：
阳光，闲情逸致，对话和美丽的风景。
——[美] 亨利 · 詹姆斯

进入秋季，多米尼克比平时出发得更早。

大自然慷慨地赋予了威尼斯一切美好的东西，这座城市，被与外海分隔的潟湖环抱。潟湖给人们提供的，除了庇护，还有丰富可口的食物。水面下，潜藏着城市的根基和渔民的生计。

左页上 | 软壳蟹背面
左页下 | 软壳蟹正面

多米尼克坚持手工布网，这是其家族延续 3 个世纪的传统，对环境伤害最小。这个季节，数量最多的是艾氏滨蟹，它们身形小巧，似乎无肉可食。但是，威尼斯人依然能找到它们美味的秘密。

真正的工作刚刚开始。多米尼克在几秒内就能挑出即将蜕壳的螃蟹，熟练的技艺源于 7 岁就开始的训练。接下来，就是等待。

天气转凉，气温徘徊在 10℃上下。湖底，一只蟹正准备蜕变。蜕壳是所有甲壳类动物必经的阶段。刚完成蜕壳的蟹，外壳十分柔嫩；几个小时后，软壳变硬，回归正常。

当地人准确地抓住了这个瞬间——螃蟹最适合整只入口的时刻。浸过牛奶，软壳蟹更易裹上面粉。油炸，保留风味，兼顾造型和口感。

软壳蟹拥有了酥脆的外壳，而内里依旧松软，入口有温暾的爆浆。

威尼斯的软壳蟹，只在春秋两季上市，而中国的一种蟹，一年到头都能给人带来惊喜。

右页 | 炸软壳蟹

伍 | 黄油蟹

中国　广东台山

万 里 挑 一

珠江入海口，光照充足，咸淡水交汇。水的温度和盐度，适宜一种传奇般的螃蟹生长。青蟹，一生蜕壳 13 次左右，每个阶段，人们都乐此不疲地赋予它一个新的名字。奄仔蟹，未交配的母蟹，流沙状蟹黄脂香四溢。双壳共存的重壳蟹，新壳口感脆嫩。成年肉蟹、膏蟹，肉厚黄足。然而，青蟹更极致的变化，要等待夏天的到来。

珠江口西端，段再锋正忙于应付连绵阴雨。雨水会稀释蟹塘的盐分，盐度变化会导致青蟹减产。20 年前，段再锋从广西来到台山养蟹，与同乡唐秀玉结婚，夫妻俩靠着 80 亩蟹塘养大 3 个子女。在同行眼里，段再锋是个养蟹高手，他的塘里总能养出顶级青蟹。

盛夏，水温持续升高。水面下，一只雌性青蟹关节透亮，遍体金黄，当地人称之为黄油蟹。充足的营养和细微的环境刺激，使蟹的性腺细胞发生破裂，油性物质蔓延。

左页上 | 黄油蟹
左页下 | 水下黄油蟹

一千只青蟹最多“变”出四五只黄油蟹，而且很难对其进行人工干预。最好的黄油蟹价格昂贵，但得到它，多少有运气的成分。

广东是台风在中国登陆最频繁的省份。段再锋每年都要应对四五次台风袭击，遇到最坏的年景，甚至颗粒无收。十几年前，段再锋就开始琢磨黄油蟹的奥妙，根据以往经验，他尝试把塘水盐度调整到接近天然海水。剩下的，只能听凭天意。

骤雨初歇，段再锋照例收网。惊喜总是不期而至。

蒸煮黄油蟹，先用凉水浸泡，不断加冰，避免蒸煮时黄油外流。蒸熟的黄油蟹，肉黄相融，难分彼此。蟹黄饱满醇厚，伴有沙沙的质感，厚实的黄油贴在背壳下，口感 Q 弹。钳肉金黄透光，薄薄的游泳足竟也被黄油占领。

当年，夫妻俩来到台山谋生，如今这里已成为儿女长大的家园。女儿成绩优异，刚刚被保送本地最好的高中。衣食丰足，儿女识礼，这大概就是中国家庭关于幸福的所有想象。

▌无畏的人随遇而安，所到之处都是故乡。

——[英] 菲利普 · 马辛杰

右页上 | 黄油蟹蟹黄饱满醇厚
右页下 | 清蒸黄油蟹

陆 | 蓝蟹

美国　马里兰州

简 繁 之 间

珠江口的珍贵食材，一蟹难求。而在美国的切萨皮克湾，每年有超过 3 亿只蓝蟹聚集，这是人们迎来饕餮的时刻。在马里兰州，蓝蟹、啤酒和木槌就是夏天的正确打开方式。

约翰・米纳达基斯，祖籍希腊，掌管一家海鲜餐厅。餐厅由他父亲创办，家族经营超过 50 年。

学徒佩德罗正接受约翰最严格的厨艺训练。佩德罗从中美洲来到这里，希望成为一名合格的厨师。

蓝蟹是梭子蟹的一种，柔和的蓝色是它的名片。蒸，是马里兰最常见的蓝蟹烹饪方式。黑胡椒、芹盐等 20 余味调味品组成老湾调味料，咸香辛辣，厚重浓郁，这种固定搭配，已流行超过半个世纪。

左页上 | 蓝蟹
左页下 | 日本香箱蟹

餐厅绝大部分菜品都与蟹有关，剔好的蟹肉最受欢迎。生蚝托底，覆盖菠菜碎和蛋黄酱烤制。柔嫩和绵密，鲜甜和醇厚，惊喜纷至沓来。

马里兰人对蟹肉的热爱，甚至使拆蟹成为专门职业。简单剥开蓝蟹，只取壳内净肉，其余弃之不用，十秒内即可拆解完毕。相比美式拆蟹的豪放，日本厨师则细致、讲究。将蟹细细拆解，重新组合，紧致的蟹柳，丰腴的蟹黄，颗粒晶莹的蟹子，日本人对食物的态度，都体现在一只螃蟹身上。不过，还是直截了当的蟹肉，更符合美国人直率的性格。有一道菜，发端于欧洲，却在美国盛行，几经演变，成为马里兰经典菜式，也是约翰家族的骄傲。

蟹肉与面包糠、欧芹、蛋黄酱混合。轻轻揉捏，尽量保持肉块完好，小心团成球状。无水黄油封盖，加一点点复合香料调味。热力催化，蟹肉球体态丰满，分量十足，4 个便重达 1 公斤。没有拆解的烦恼，只剩下大快朵颐的酣畅。

蟹饼，17 世纪就已在欧洲出现，成为今天的样子，历经无数人的双手。400 年，食物分合流转，历久弥新。

左页 | 马里兰蟹肉饼
右页上 | 美式拆蟹
右页下 | 日式拆蟹

离开蟹肉至上主义的美国，来看看中国人对螃蟹的理解。三面环海的澳门，曾经渔业兴盛。如今大多数海鲜依赖进口，但这不妨碍澳门人对传统饮食的迷恋。螃蟹在每次蜕壳后，都会吸收大量水分充实身体，因而被称作水蟹。一般人看来，这种少肉的螃蟹毫无价值，澳门人却自有妙用。

柒 | 水蟹

自有妙用

中国　澳门

水蟹

泰国香米与中国粳米混合，口感软硬兼顾，大火熬煮两个小时，不断搅拌，直至米粒开花，水米融洽。加少许酒去腥，水蟹出场。蟹块入粥，体内汁水找到更大的舞台。

螃蟹被粥底缠绵包裹，鲜味物质被充分释放。相比大口吃肉的畅快，食鲜才是更高的目标，这是中国人的共识。

入夜，城市的喧闹散去，到了澳门粥档最繁忙的时间。一番相濡以沫，原本贫瘠空洞的水蟹，在粥水的温柔滋润下，曲径通幽，出落得鲜美丰润。

左页左 | 水蟹蟹钳
左页右 | 水蟹粥

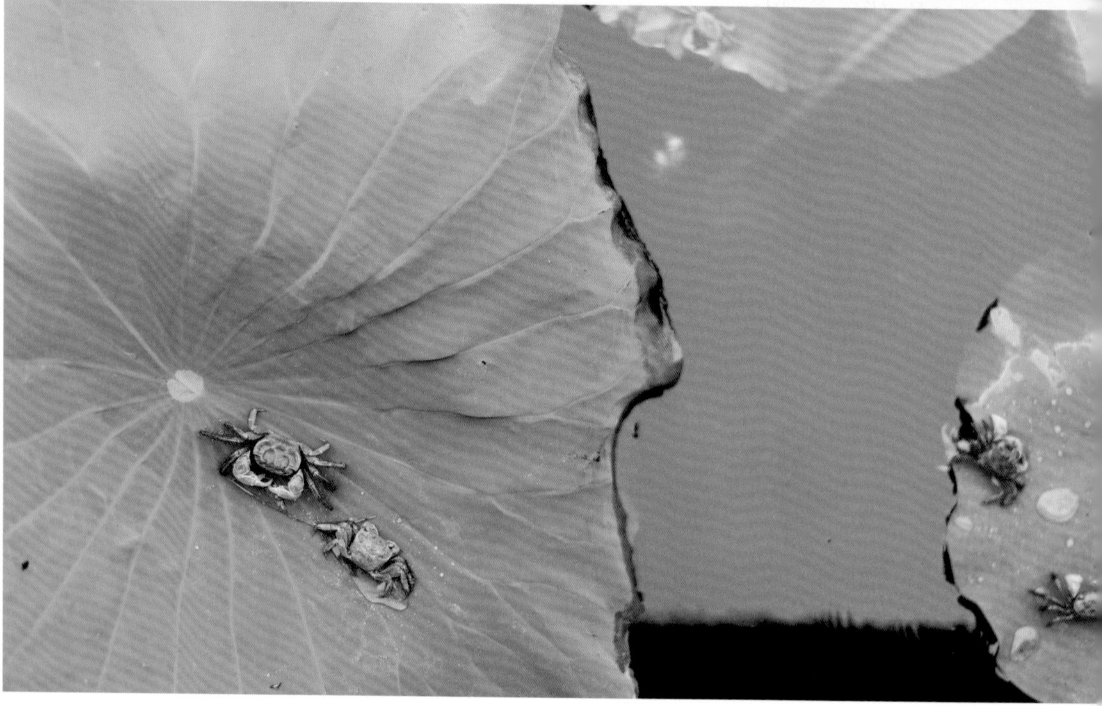

捌 | 蟛蜞

中国　江苏张家港

别 致 之 美

同样面对肉少的螃蟹，在长江下游，我们也能找到鲜味的例证。盛夏，两米高的芦苇脚下，生活着一种乒乓球大小的蟹——蟛蜞。

将处理过的蟛蜞捣烂成泥，纱布过滤，把并不美观的蟹浆制作成可以上席的菜品，江南厨师有别致的方法。

蟹肉碎吊汤，鲜味打底。蟹浆冰镇，下锅不易分散，蛋白质遇热迅速凝结。韭菜末增香。外形似带风的团扇，质地如藏雨的云朵，鲜味渗透每个孔隙。在中国的饮食传统中，没有哪种食物能像螃蟹这样——

庙堂与江湖一统，婉约与豪放兼容。

千百年间，它曾经幻化出无穷滋味。大多数只能一时兴盛，但也有些历经千年而不衰。

左页上 | 芦苇地里的蟛蜞
左页下 | 蟛蜞

左页上 | 蟛蜞菜品制作
左页下 | 用于搭配蟛蜞汤的馄饨
右页上 | 蟛蜞豆腐
右页下 | 蟛蜞蟹钳

玖 | 炝蟹

中国　浙江宁波花岙岛

生 熟 之 间

旧历的年底毕竟最像年底，村镇上不必说，
就在天空中也显出将到新年的气象来。
——鲁迅

旧历的年底毕竟最像年底，然而，花岙盐场的劳作还没停歇。持续日晒，盐卤逐渐析出晶体。拖拽长绳，打散结块的盐花，这种传统工艺被称作“打花”。

晒盐是潘阿菊的营生，她要赶在岁末收最后一次盐。打过花的海盐，颗粒均匀，拥有上乘品相。数千年来，盐影响着人们的饮食方式。

左页 | 红膏炝蟹

抗衡时间对食材的改变，古人想到了风干、糟醉等多种方法。现在，海边人家仍然用盐处理鱼鲜，晾晒成鱼鲞，能保存半年以上。盐是厨房中最基础的调味品，在各种加工烹饪中都能参与滋味的调和。

中国人善于在生与熟的变幻中探索食物风味。鲜蟹生食，盐的加入，不仅杀菌，更能激发和调动蟹的鲜美。

蟹糊，做法源自古代，简单快速，洗手的工夫就能完成，因此在古人记述中也被称为“洗手蟹”。

老两口半生没有离开海中小岛，而孩子们都在岛外安家。临近春节，潘阿菊开始准备儿孙们惦念已久的食物。挑选膏肥肉厚的母蟹，仅用海盐和水腌制。每个家庭有自己偏爱的盐水配比，潘阿菊认为 1 ： 4 的咸度最佳。用咸味浸透食物，宁波方言叫“炝”。如果说蟹糊是一道家常小菜，炝蟹则是潘阿菊家年夜饭的重头戏。

本节内容如实记录传统饮食方式遗存，
生食有风险，请谨慎尝试

右页上 | 宁波传统工艺“打花”
右页下 | 海盐

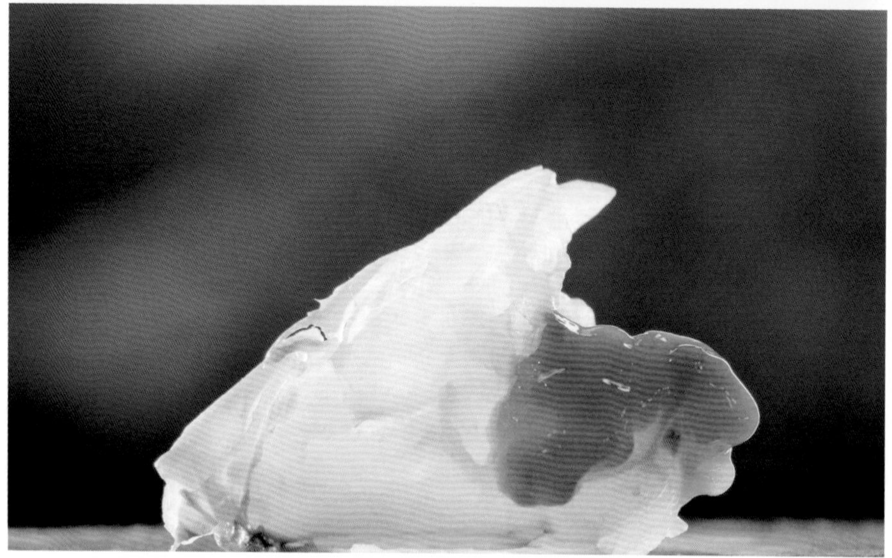

大年三十，这是一年中潘阿菊除了晒盐最忙碌的时候。厨房里，儿媳也帮忙打下手。在众多海味的簇拥下，母蟹炝制完成，这时，它有了一个新的名字：红膏炝蟹。腌制后的红膏，像果冻一般晶莹弹润，而另一种处理方式，能让它更为惊艳。

将冰冻的炝蟹在半融时切块，让红膏停留在每一块蟹肉上。享用的最佳时机，在冰霜将化未化之际。细密的冰碎逐渐柔顺，鲜味在温暖的口腔中不断延展。时空的界限仿佛随之消解，相似的味道，同样慰藉今日与往昔。

对于家的记忆，被写在劳作的盐田、微凉的海风、灿烂的烟花里……

也在一道道的食物中。它像掌纹一样被我们紧握，日月轮转，再揉眼时，风景变了，味道还在。

左页上 | 风干海草
左页下 | 红膏炝蟹

拾 | 酱蟹

韩国　泰安

偷饭贼

1000 多公里外的韩国，人们对腌蟹同样喜爱。挑蟹达人金景丽，是一位厨师，不过她的餐厅只提供一道菜品。与宁波的盐水炝蟹不同，韩国人有另外的烹制方法。海带熬汁，稀释酱油做基底，添加大蒜、辣椒、洋葱，再次熬制。酱汁配方自金景丽的祖母传下，现在，她要教给女儿。蟹脐朝上，蟹膏集中而不流散，酱汁浸没梭子蟹。这种工艺，在韩国已有 300 多年历史。

古人制作酱蟹，是为了长期保存，而现在，人们更看中它独特的风味。

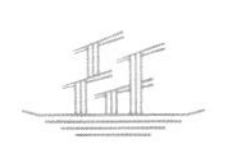

左页 | 酱蟹
右页 | 酱蟹制作

腌螃蟹只需要两天，而从新人成长为行家里手，则需要经年累月的训练。女儿刚刚入门，母亲要不断鼓励她。

腌制结束，梭子蟹完成了一场变身。因为酱汁，橙红的蟹黄蒙上了一抹浅浅的焦糖色。

鲜味和酱香交织，大海的气息弥散至鼻腔。直接吸食，如啫喱般顺滑。用海苔包裹，干爽与柔润，在口腔里轮番爆裂。

酱蟹登场，立刻成为餐桌焦点，仅需一只，就能轻松“拐走”整碗米饭。

右页上 | 腌螃蟹
右页下 | 酱蟹

挪威巴伦支海，

捕捞额度逐年缩减。

明年，

埃德加将面临更大的挑战。

广东台山，
段再锋盘算着承包一个交通便利的蟹塘。

美国马里兰，
佩德罗的厨艺获得了认可。

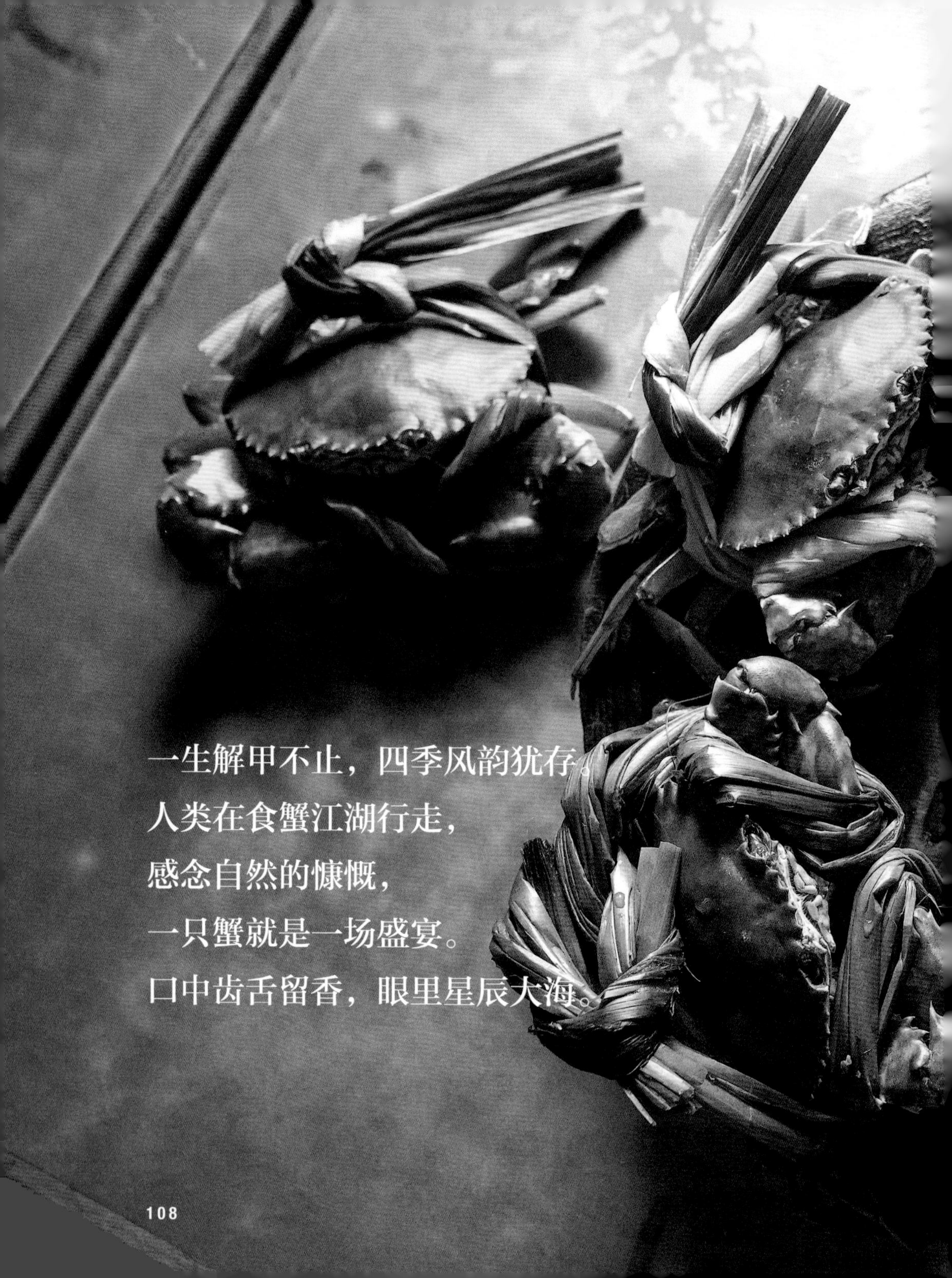

一生解甲不止，四季风韵犹存。
人类在食蟹江湖行走，
感念自然的慷慨，
一只蟹就是一场盛宴。
口中齿舌留香，眼里星辰大海。

在风味的大戏里
酱，一物分饰两角
时而是食物的调味剂
时而又是食物本身

从盐的替代品
到不可替代的烹饪伴侣
可以简单直率，也可以不着痕迹

它里应外合，行踪不定
却经常被我们遗忘

读懂了酱
我们才能真正洞悉人间风味的各种玄机
领略它的万千变化

壹 | 西藏肉酱

中国　西藏林芝

酱 的 原 始 形 态

喜马拉雅山脉东缘，平均海拔超过 3000 米。这里空气稀薄，相比美味，人们对食物的能量更为关注。

头戴着晶莹的冰雪冠冕，
在天际线上闪闪发光。
——阿来

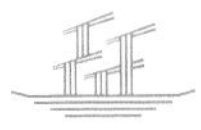

左页 | 色季拉山

临近藏历新年，尼玛万杰开始准备食物。青稞不易消化，只有炒熟磨粉，做成糌粑，才便于肠胃吸收。糌粑是藏族牧民的传统主食。然而在雪域高原，仅仅依靠谷物获取能量是不够的。

牦牛是这里最主要的肉食来源，质地紧实的牛大腿肉和背脊肉是人们的首选。反复斩剁，肌肉纤维断开，让更多蛋白质溶解出来。人们在食用时，肉茸能提供更细腻的口感，消化酶也能更好地发挥作用。放入研磨后的辣椒和花椒，生牦牛肉酱制作完成，明天，它将出现在村子里的新年活动上。

牦牛肉酱，带着藏族先民生活的滋味，让我们窥探到东方人食用酱料的原初形态。

右页左上 | 牦牛
右页右上 | 尼玛万杰制作牦牛肉酱
右页右中 | 牦牛肉酱制作
右页下 | 牦牛肉酱成品

尼玛万杰早早起来开始准备，他是今天活动的主持者和唱经人。村子里每个人都会盛装出席，女儿也特地从拉萨赶了回来。这是欢乐的时刻。

酱在人类烹饪史的早期就已出现，在中国，有关酱的文字记载的历史，超过了2000年。

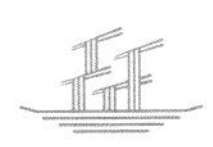

左页上 | 贡品台
左页下左 | 煨桑仪式
左页下右 | 藏历新年欢庆活动

贰 | 芝麻酱

中国　河南平舆、北京

中 国 人 餐 桌 上 的 宠 儿

今天，在更多的地区，肉酱被植物性酱料替代，后者选材更广、口味更加丰富，芝麻酱就是其中之一。

持续晴朗的天气，让 9 月的田野蒙上浅浅的金黄。张关民有 7 亩[1] 芝麻地，这种油料作物，能给他带来小半年的收入。

庄稼收割了，粮食入仓了，大地沉静了。
——刘庆邦

左页上 | 二八酱
左页下 | 麻腐广肚

① 1 亩约为 666.67 平方米。——编者注

芝麻熟透，轻微震动都可能让籽实跌落，没有哪种机械能够彻底取代人的双手。收下的秸秆就地晾晒，在高温和光照作用下，泛黄的穗包干燥开裂，这是脱粒的信号。2000 多年前，这种细小的白色颗粒从西域传入，在中原得到广泛种植。

芝麻产量占全国三分之一的河南，也是小麦产区。芝麻和小麦粉的结合，催生出多样美食。不必说香脆的焦馍，也不必说油酥的麻叶，单是炒焦芝麻粒擀压成的芝麻盐，就让满屋香气弥漫。

利用油水比重不同，从芝麻中炼油的技术，可以追溯至 1000 多年前。从那时起，芝麻油逐渐成为中国人餐桌上的宠儿，人们甚至直接称它为“香油”，用赞美味道的字眼给油命名，它是为数不多的一种。

右页上左 | 芝麻
右页上右 | 芝麻加工
右页中左 | 麻酱烧饼
右页中右 | 芝麻酥
右页下 | 小磨香油

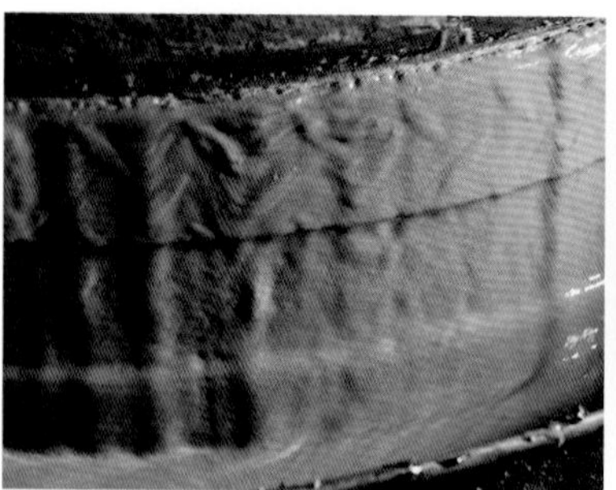

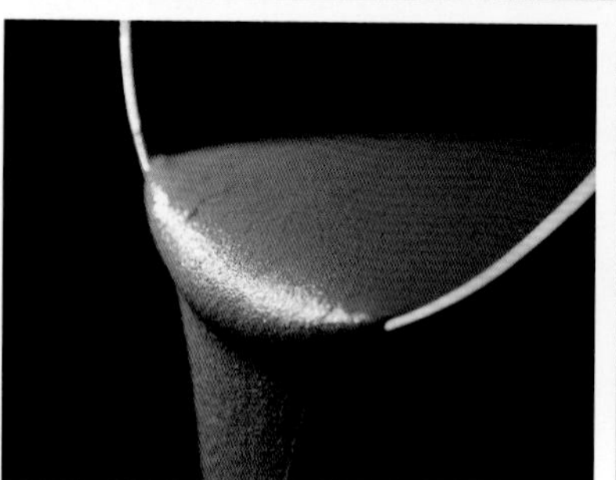

制作芝麻酱，从漂洗和晾晒开始。炒制温度恒定在 170℃，芝麻逐渐膨胀焦黄，芳香物质产生。芝麻脂肪含量高，碾磨后油香四溢，而独属芝麻的香味，兼具谷物与坚果的气息，让无数人着迷。

张关民用 10 斤芝麻换了 5 斤芝麻酱，这一天，是农历的秋分。

秋风渐凉，向北 800 公里，又到了北京人涮羊肉的季节，芝麻酱正是羊肉火锅天然的搭配。

左页上 | 麻酱凉面
左页下左 | 石磨磨芝麻酱
左页下中 | 倒芝麻酱
左页下右 | 收集芝麻磨出的香油

不过，北京人更讲究：20% 的花生酱和 80% 的芝麻酱调和，称为二八酱。缓慢搅动，形成醇厚的口感，即使是滋味鲜明的佐料，也无法撼动芝麻酱的香浓醇和。滚烫的羊肉被浓稠的酱汁包裹，延长了风味在口腔中的驻留，让这段美妙的时间更为缠绵。

芝麻，一粒微小的种子，开启了中国人餐桌上的千年旅行，最终凝聚为酱，彻底征服了我们的味蕾。

右页上 | 老北京铜锅涮肉
右页下 | 涮羊肉

叁 | 胡姆斯酱

耶路撒冷
巴勒斯坦　伯利恒

不 同 信 仰 ， 同 种 美 味

河南向西 7000 公里，同一纬度的地方，有种食物的加工和食用方法类似芝麻酱。

鹰嘴豆，一种耐旱作物的坚硬籽实，它的种植历史可以追溯到 10000 年前。

左页 | 鹰嘴豆

9 月底，以色列依然炎热，4 岁的拉妮和家人一道去农场采摘。他们此行的目的是获取香料。临近安息日，全家要准备丰盛的食物。拉妮的父母喜欢郊外的安静，两年前他们把家搬到了距离耶路撒冷 30 多公里的以拉谷。每次做饭，拉妮都自认为是妈妈最好的帮手。

经过长时间的浸泡和熬煮，吸收了水分的鹰嘴豆开始变得粉糯，养分也更容易被吸收。反复挤压搅拌，即做成平和甘香的豆泥。芝麻酱的加入，又为它平添了几抹浓香。这种食物，当地称作“胡姆斯”，艾迪制作的胡姆斯会在口腔中保留美妙的颗粒感。欧芹增添了清爽的植物香气，再加一勺橄榄油，油润绵滑。

右页上左 | 鹰嘴豆泥
右页上右 | 鹰嘴豆泥
右页下左 | 鹰嘴豆
右页下中 | 欧芹
右页下右 | 胡姆斯

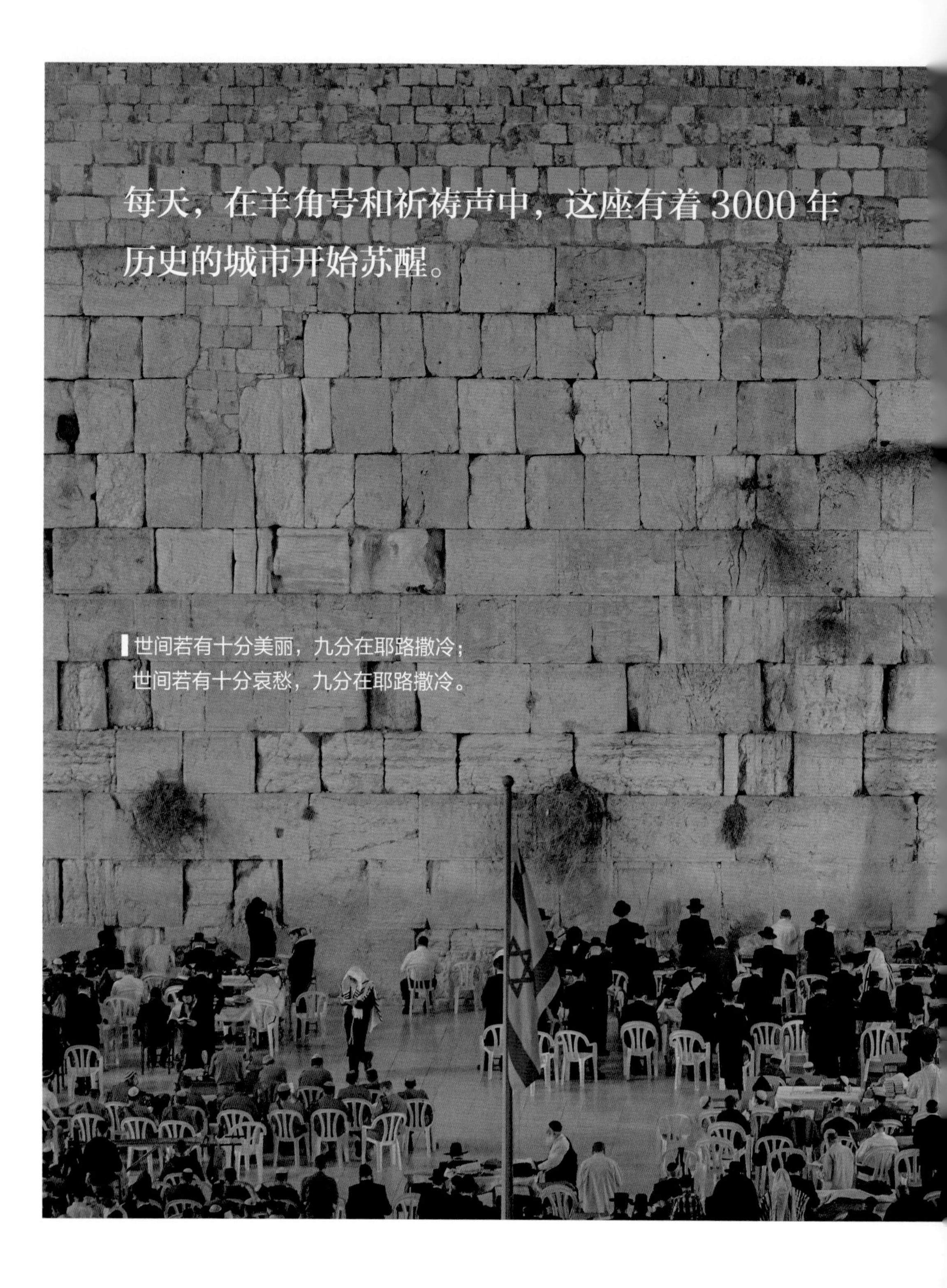

每天，在羊角号和祈祷声中，这座有着 3000 年历史的城市开始苏醒。

世间若有十分美丽，九分在耶路撒冷；
世间若有十分哀愁，九分在耶路撒冷。

耶路撒冷哭墙

所有人的嘴唇都在翕动、追忆，
所有人的眼睛都在闪亮、流泪。
——[以色列]耶胡达·阿米亥

一同醒来的还有耶胡达——耶路撒冷最大的市场。在这里，我们可以看到由鹰嘴豆制成的各种食品。正如谚语所说：有一千个地方，就有一千种胡姆斯。

紧邻耶路撒冷的伯利恒，是阿拉伯人聚居区，胡姆斯同样是他们餐桌上的常客。这家餐厅有 70 年的历史，现在已经传到第五代。他们选择风味更足的小颗粒鹰嘴豆，机器高速搅拌的同时，加入冰块，脂肪和蛋白质遇到水发生乳化，质地如巧克力入口般丝滑。

在一些人看来，胡姆斯更像主食。而另一部分人认为，它就是一种酱，适合搭配口袋状的面包——皮塔饼。在以拉谷，拉妮家的皮塔饼也出炉了。安息日，全家人围聚在餐桌前，胡姆斯也被隆重端上桌。在犹太人传统中，胡姆斯是一种神圣的食物，在每个重要的时刻都不应缺席。

在这片命运跌宕的土地上，不同的族群，拥有不同的信仰，却在同一片天空下，共享同一种美味。

右页上左 | 巴勒斯坦胡姆斯餐厅　右页上右 | 以色列拉妮一家
右页中 | 胡姆斯
右页下左 | 炸鹰嘴豆泥丸子　右页下中 | 胡姆斯　右页下右 | 胡姆斯

肆 | 酸梅酱、山葵酱

中国　香港深井村、广东普宁

日本　东京、静冈

品 酱 的 时 机

在东方人看来，每一种食物冥冥之中都有最般配的酱料搭档，这是他们对风味平衡的理解。浅浅一碟橙色酱汁，看上去平淡无奇，却以四两拨千斤之力，撬开了风味的大门。

华姐，每天晚上 6 点到 8 点是她最忙碌的时刻。火力让鹅的皮下脂肪融化，表层的胶原蛋白被高温的油脂拥抱，形成一层焦酥的外壳。华姐家一直用传统的炭火烤制烧鹅。香港人就这样制造着美味，一些食物讲究新鲜，一些食物仍然古老。烧好的鹅皮脆肉嫩，一旦入口，油润肥腴的滋味如同奔腾的野马，香港人选择用一种酱作为驯服它的缰绳。

用酱料平衡食材的风味，在海洋之国日本，也能找到类似的组合。新鲜的生鱼，味道淡雅，1000 多年来，日本人反复尝试用各种调味料与之相配，机缘巧合之下，他们寻找到了一种植物。

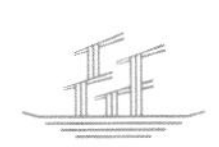

左页上 | 烧鹅蘸酸梅酱
左页下 | 研磨山葵酱

深山里，冬暖夏凉，溪水常年保持在13~16℃，这里是最著名的山葵产地之一。农人经年累月，在山溪流过之处，用叠石法修筑梯田。松软的沙石和山泉，让作物充分吸收养分，而山葵风味的秘密就来自根茎。

为释放山葵的甘辛，需要现场将其研磨成酱。根茎的细胞组织破裂，芥子油苷水解，带来的温和的刺激感，是青芥末无法比拟的。

用山葵酱搭配新鲜生鱼，能唤醒味蕾，同时凸显鱼肉的鲜甜。山葵的风味，必须现场获得，而搭配烧鹅的酱料，则需要漫长的等待。

右页左上 | 山葵特写
右页右上 | 切山葵
右页右中 | 山葵冰激凌
右页下 | 山葵锅

采摘后的青梅，口感酸涩，要先腌渍。在醋产生之前，梅子是中国人获取酸味的重要来源。在梅子的产地潮汕，日常饮食中它依然会被大量使用，并激发出多样的美食。

华姐祖籍潮汕，父母来香港谋生，掌握了一种更为复杂的梅子加工方式。红桃果酱、冰糖，中和梅胚的咸酸。麦芽糖提色，慢火细熬，果肉消融，浓缩成琥珀色的汁液，这就是酸梅酱。调制好的酸梅酱，颜色橙黄，光亮饱满，黏稠的质感更易于附着在酥脆的烧鹅表皮。普通食客痴迷于肉食之欢，但真正懂得品尝烧鹅的人知道，一小碟酸梅酱才是画龙点睛之物。

20 多年前，父母意外离世，华姐五兄妹撑起这间小店，他们努力复制着父辈的味道。盂兰盛会，华姐为醒狮点睛。深井村居民大都是潮汕人的后代，故乡赋予他们的，除了食物的基因，还有家人的温暖、宗族的凝聚，以及求索闯荡的勇气和力量。

左页上 | 酸梅
左页中 | 酸梅酱
左页下 | 烧鹅配酸梅酱
右页 | 华姐查看烧鹅

伍 | 豆瓣酱

中国　四川眉山

发 酵 的 秘 密 ， 调 味 之 魂

中国人的祖先，无意中发现发酵的秘密，并在酱料中使用。

发酵的酱，不仅是寻常人家享用三餐的风味催化剂，也是厨师讲求君臣佐使，调和五味的秘方。

中国菜系中的一个重要分支，就得益于它的加持。

左页 | 豆瓣酱

唐容书，川菜厨师，经营着一家小餐厅，主打家常风味，在成都小有名气。除了对食材要求严格，在灶台边站了 40 年的老唐认为，他做的家常菜之所以吸引老主顾，诀窍在于他对豆瓣酱的使用。对不同的菜肴，用量多少、火候的深浅，都有不同的原则。然而，老唐期待的却是客人相同的评价。

8 月，二荆条辣椒开始采摘，又到了做豆瓣酱的季节。晚上 9 点，徐继陶定时来查看制曲的进度，秘密就隐藏在南瓜叶下面。老徐是酱料厂技师，制作豆瓣酱是他引以为豪的手艺，每年夏天，他和老伴都会手工做酱。盖上南瓜叶，保温保湿，无须添加面粉催化，浸泡好的蚕豆，开始发生神奇变化。

微观镜头下的这片花田，是正在生长的米曲霉。盛开的黄色小花，是触发风味的种子。4 天后，霉豆瓣制作完成。老徐做豆瓣酱只用新鲜二荆条，不仅能增添鲜辣的口味，也让日后酱体的色泽更加饱满。

右页上 | 二荆条辣椒
右页下左 | 辣椒剁碎
右页下右 | 豆瓣发酵

四川盆地气候温和，雨量充沛，几乎每个地方都出产豆瓣酱，风土和工艺的细微差别，也让它们在滋味上各有千秋。

在眉山的阳光下，老徐与同事们每一日都重复着同样的劳作。酱缸中的米曲霉等微生物大量繁衍，让豆瓣和辣椒中的蛋白质、碳水化合物和油脂分解，不断滋生出甜味和鲜味。入夜，温度骤降，豆瓣酱表面露水凝结，促进有益菌种的交替繁殖。通过驯服微生物，在转化中获得美味，这是化腐朽为神奇的智慧。

新老豆瓣混合，剁细；最普通的鲤鱼，热油迅速锁住表皮，只需要豆瓣酱炒香，原汁着芡，就能让整道菜摇曳生姿。

川菜在风味上的千变万化，得益于豆瓣酱的深入浅出，它是翻云覆雨的调味之魂。

左页上 | 回锅肉
左页下 | 麻婆豆腐
右页 | 豆瓣酱烧鲤鱼

陆 | 法式酱汁

法国　巴黎、南特

酱 帅 百 味

如果把酱放于四海，不同民族自有心得。用酱的方式，也是各师各法，各显神通。

酱汁，在法国有着深厚的历史沉淀，可以说，没有它，就没有今天享誉世界的法餐。

法国顶级烹饪艺术家几乎都是酱汁大师，这源于法式酱汁在烹饪中举足轻重的地位。

左页 | 法国黄油白汁酱

南特，坐落于卢瓦尔河右岸，一座创新和充满活力的城市。主厨吕多维克在南特长大。本地生产的葡萄酒酸度较高，是制作一款酱汁的最佳原料。黄油白汁酱，诞生于南特，吕多维克尤其擅长制作它。切碎的小洋葱饱浸酒香，逐一投入黄油块，充分搅拌，酱汁逐渐浓缩，形成乳脂状的质地。

不同于法国传统酱汁的厚重，黄油白汁酱轻盈柔顺，拥有充满张力的酸甜香气。吕多维克回到自己曾经工作 4 年的餐厅，当年正是在老师的启蒙下，他开始痴迷烹饪。今天，他突发奇想，要用刚摘的小白菜搭配黄油白汁酱。来自东方的神秘蔬菜遇到法国的酱汁，会产生什么样的味道？多年来，他总是在尝试不同的烹饪方法。

一勺好的酱汁，可以统领餐盘中的各种食材，当然，它也勾连着法国美食的现在与过往。

法餐在食材烹饪后入味，决定风味的就是酱汁。而中餐则是在烹制中入味，酱料的味道被激发出来作用于食物。东西方从两个不同的方向，用酱完成了风味的传递。

右页上 | 吕多维克准备用小白菜搭配黄油白汁酱
右页左中 | 巴黎冷盘三文鱼
右页下左 | 婆罗门参配蒲芹萝卜
右页下中 | 黄油白汁鱼
右页下右 | 黄油煎三文鱼

柒 | 魔力酱

墨西哥　瓦哈卡、特里特兰

新 旧 大 陆 的 食 材 碰 撞

酱的神奇之处在于，让我们既看到不同民族对烹饪的理解，又能领略一方水土的万千风情。

辣椒，原产于中美洲，墨西哥人习惯用火烘烤，碾成糊状，烤辣椒会散发出独特的香味。500 多年前，西班牙人踏上这片土地，带来了大量香料，和本地的辣椒、巧克力混合，新旧大陆食材的碰撞，在墨西哥人手中诞生了一种新的食物——Mole，中国人把它翻译为魔力酱。

左页上 | 各种魔力酱
左页下左 | 辣椒
左页下右 | 香料

这里是墨西哥重要的纺织小镇，每户人家都有一个这样的纺织机，这也是胡莉娅全家最主要的收入来源。今天是孙女小胡莉娅的 7 岁生日，奶奶特意给她扎起萨波特克族传统的发辫。生日宴会的现场，不仅有美食，还有孩子们最喜爱的游戏。

这样的场合，自然不能缺少魔力酱。魔力酱的配方都掌握在各家主妇的手里，味道也不尽相同，所以在墨西哥，它也被称作“妈妈酱”。

宴会的主菜是鸡肉魔力酱，不过，在这里，鸡肉只是配菜，而散发着烘烤坚果和香料气息的魔力酱，才是真正的主角。

有人说，魔力酱的性格就是墨西哥人的性格，它随性地使用食材，并使食材的味道相互融合，它可以是甜的、酸的、苦的，复杂得就像墨西哥。

右页上左 | 瓦哈卡民俗游行
右页上右 | 瓦哈卡民俗游行
右页中 | 游行路上的街道
右页下左 | 猪肉红魔力酱
右页下右 | 菠菜塔可魔力酱

EDIFICIO
ALCALA

捌 | 沙茶酱

印度尼西亚　日惹
中国　广东汕头、福建泉州

落 地 生 根

人的脚步从未停歇，走到哪里，酱就出现在哪里，他们共同酿造出一方风味。

潮汕牛肉火锅，追求极致的鲜，对食材苛求，对酱料同样如此。

沙茶酱，既不掩盖牛肉的本味，又提鲜解腻，它的源头可以追溯到 3000 多公里外的东南亚。

被称为“千岛之国”的印度尼西亚，地处热带。许多酱料的风味都有鲜明的地域标签，在这里，高大的椰子树随处可见，为制作沙嗲酱提供必不可少的原料。椰油炒制花生，搅碎后放入肉汤中熬煮。印尼人喜爱甜辣味，加入多种辛香料和椰糖，沙嗲酱在辛辣的同时又带着浓浓的椰香。沙嗲酱包裹鸡肉，炭火烘烤，就成了印尼最常见的街头美食——沙嗲肉串。

左页 | 沙茶酱包裹牛肉

▌刺桐花开了多少个春天，东西塔对望究竟多少年。
—— 余光中

早年下南洋的华人，回归故土，饮食口味和生活习惯一路相随。在福建、广东，沙嗲酱落地生根，拥有了新的名字——沙茶。

60 年前，刘瑞兴从印尼回到福建泉州，那一年他只有 15 岁。如今，经营沙茶小吃是刘瑞兴的主要工作。用花生酱和多种香料炒制，增添鲜香，冲入浓郁的高汤。闽南的沙茶，香醇直击口腔，犹如潮水般奔涌翻腾。

广东潮汕也有沙茶酱，配料更复杂，味道也更加浓郁，除了用作蘸料，还可以广泛应用于蒸、煮、炖、炒等多种烹饪方式。这种漂洋过海而来的酱料，入乡随俗，成为潮汕味道的鲜明标志。

沙茶的味道一直伴随着刘瑞兴的生活，他对此既熟悉又充满感激之情。人生活在时间和时间的延续中。曾经，年少的刘瑞兴操着一口爪哇语，回到陌生的故乡；如今，他已是儿孙满堂。

食物跟随人的脚步，从一个地方到达另外一个地方，有些骤然消失，有些慢慢沉淀，还有些依稀能追索到其最初的模样。

右页上 | 印尼沙嗲肉串　右页中 | 沙茶面
右页下左 | 印尼巴拉多　右页下右 | 鱼饭

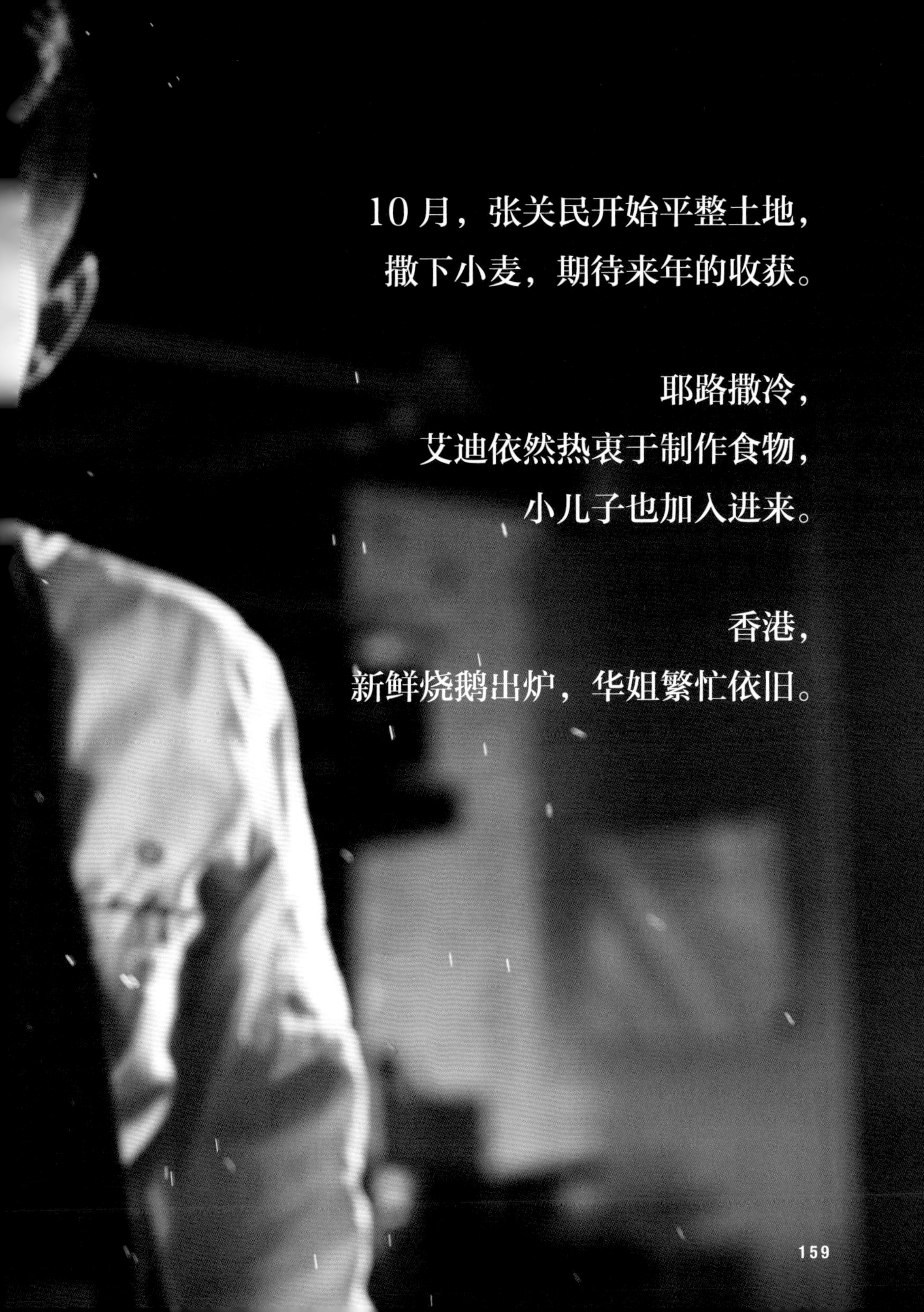

10 月，张关民开始平整土地，
撒下小麦，期待来年的收获。

耶路撒冷，
艾迪依然热衷于制作食物，
小儿子也加入进来。

香港，
新鲜烧鹅出炉，华姐繁忙依旧。

当我们谈论酱的时候，
我们在谈论什么？

是食物智慧，调味秘籍，
还是认知世界的指南？

人类的八方迁徙，
风味的四海流变，
分与合、聚与散，
载浮载沉、蜕变重生之间，
成就了这一番色香味俱全的绝世美谈。

有人寻味而来
有人知难而退

杂碎，肉食边角料
抚慰过节俭岁月
又在富足时光成为不舍的追忆

凭借大开大合的风味
剑走偏锋的口感
从谦卑低调，一路翻滚逆袭
终于乾坤颠倒
从尘埃里
开出一朵朵异香的花来

壹 | 猪杂

菲律宾　吕宋岛

原 始 的 味 道

大地的山谷里，不断升起的是生活的渴望。

——[德]赫尔曼·黑塞

8 月雨季，吕宋岛阴晴不定。迪索是阿埃塔人，属于菲律宾古老的原住民。大山的阻隔，使传统生活方式完整保留了下来。他们依山势开垦出小块耕地。甘薯对地力要求不高，是重要的主食。家禽和家畜零星散养，是最主要的肉食来源。但对迪索一家来说，只有某些特殊时刻才能尽享肉食之欢。

今天是迪索的 16 岁生日，一场隆重仪式即将开始。

阿埃塔人曾以游猎为生，肉类能提供大量蛋白质和能量，备受人们推崇。猪肩肉，被认为是猪身上最强壮的肌肉。长者把它递给迪索，希望他获得力量和勇气。

左页上 | 猪杂制作

左页下 | 主人公一家人用餐

在阿埃塔人的认知和语言里，动物全身的肉都能带来美味。将不同部位剁碎，用盐调和，再加上来自丛林的卡里邦邦树叶，酸爽生津。丰盈的油脂、鲜香的肉末与卡里邦邦独特的酸味相融，造就菲律宾极具本地特色的菜式——希希格。这是令人难忘的一餐，特别是对迪索来说，美食之中藏着更多滋味。

人类的祖先长久靠植物维生，肉食一向珍贵难得，对肉的无差别热爱在阿埃塔人的饮食中还能看到。物尽其用，是他们对食物最大的敬意。

在菲律宾的都市里，我们也能找到进阶版的希希格。不过，人们更多把它当成地域特色鲜明的杂碎菜品。跟整齐排列的骨骼肌不同，头尾、蹄爪和内脏这些肉食边角料，被称为“杂碎”。名称不雅，外观另类乃至离奇，但它们营养丰富，有独一无二的口感与香气。

从乡村到城市，杂碎不仅是区分人群的暗号，更是本土食客的执着。

右页上 | 猪杂制作
右页中上左 | 卡里邦邦树叶
右页中上中 | 剁碎猪肝
右页中上右 | 剁碎的猪杂加入卡里邦邦树叶
右页中下左 | 部落烤猪肉
右页中下右 | 部落希希格
右页下左 | 铁板希希格
右页下右 | 炸肠膜

贰 | 肥肠

中国　四川江油青莲镇

以 味 治 味 ， 活 色 生 香

每天早晨五点，杨昌志的小店准时开门。十字路口，3 家饭馆向客人供应同一种早餐。新鲜猪大肠送到，用盐、醋、白酒反复揉洗，去除不友好的气味。江油人对肥肠的严苛要求，使洗肥肠成为一门职业。

大肠脂肪囤积充裕，由此得名肥肠。它质地紧实，柔滑而富有弹性。有人因为它部位特殊，望而生畏，但更多勇于尝试的食客，为它的肥美倾倒。

曾经声名显赫的川北小城，历史已成茶盏中的涟漪。而肥肠，则每天在江油人口中掀起波澜。这里是中国肥肠店最密集的地方，也有对肥肠最挑剔的食客。

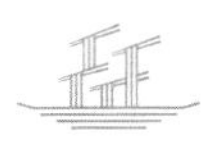

左页上 | 红烧肥肠制作
左页下 | 干煸肥肠

不仅在江油，肥肠在四川全境自带“主角光环”，出镜率奇高。四川人善用香料，以味治味，把气息浓烈的肥肠调教得活色生香。专业川菜厨师对肥肠也不敢怠慢。经他们施以妙手，原本颜值平平的肥肠，竟然出挑得曼妙多姿。

在江油人看来，红烧肥肠才是王道，这也是杨昌志的看家手艺。50 米内 3 家同行，是相熟的邻里，也是买卖对手。几十年厨艺切磋，江油厨师对肥肠的奥妙了然于胸，老杨更是信心满满。红酱是红烧肥肠味道的命门。新鲜辣椒剁碎加盐，入坛轻微发酵。有一坛好酱，红烧肥肠的滋味就有了保证。撒花椒面提味，放良姜进一步去腥。老杨知道，没有谁能轻松碾压对手，着眼细处才能见出高低。

一碗漂亮的红烧肥肠，讲究汤汁红亮不浊，肥肠软滑顺弹。搭配主食，脂肪和碳水在口腔中携手，左冲右突，把果腹变成享受。

老杨靠一副边角料，在门店如林的江油安身立命。客人的挑剔，同道的激励，加上主人的用心，原本微不足道的食物竟赢得鼎鼎大名。

右页上 | 红烧肥肠
右页下 | 脆皮大肠

上 | 摩洛哥羊杂
下 | 内蒙古羊杂

叁｜羊杂

团 聚 的 重 头 戏

内蒙古羊杂

独 享 之 味

中国 内蒙古 乌兰花镇、额仁淖尔苏木

动物内脏不是四川人的专享。中国北方，羊杂是早餐的重头戏。冬日里，一碗滚烫的羊杂汤，最让人醒神开怀。

乌日汗照料羊羔

2 月的锡林郭勒草原，被冰雪覆盖。乌日汗家里有 300 头羊，她要确保羊群安全度过寒冬。当地特产苏尼特羊，3 万亩牧场，羊群自由觅食。种类多样的牧草，能使羊积累更多风味物质。乌日汗忙于照料新生羊羔。这是牧民一年辛劳的开始，关乎全家的生计。

羊肉是牧民最佳的能量来源。

羊杂很少被拿来招待客人，却是自家独享的美味。每个部位质感独特，从嗅觉到味觉一路刺激着人们的食欲。羊肝须趁新鲜食用，裹上网油炙烤，溶化的油脂被不停灼烫，羊肝受热转化出鲜甜滋味和迷人焦香。相比蒸煮，油包肝由此平添更多甘美和肥腴。

左页上 | 内蒙古羊杂汤
左页下 | 羊杂

摩洛哥羊杂

摩洛哥　菲斯

时 光 之 味

▌菲斯，躲藏在时间中的魔法迷宫。

——[美] 保罗 · 鲍尔斯

9000 公里之外的北非，羊肝的食用方法如出一辙。羊肝经过预烤，加辣椒和盐码味。一样裹上网油，做成经典的阿拉伯式烤串。虽然远隔万里，人们却心有灵犀。吃上油包肝，宰牲节就到了。

菲斯皮革染坊

菲斯，摩洛哥最古老的皇城，畜牧业发达。羊是摩洛哥人重要的肉类食物。宰牲节是当地隆重的节日，地位相当于中国的春节，家家户户都买羊庆祝。三天之内，摩洛哥要消耗数百万只羊。

依曼要提前采购孜然和辣椒。摩洛哥是“香料之路”从北非进入欧洲的最后一站。香料，是当地烹饪的精髓。8 月酷暑，气温接近 40℃。肉类不经处理会快速变质。杂碎更难保存，必须当天食用。菲斯人懂得如何对抗腐败，每个巷口都有处理杂碎的服务。欢愉的烟火气，飘散在整座城市的上空。

宰牲节，家人围坐一堂，食物的味道才可能完整。

羊头肉是宰牲节的大菜。撒盐和孜然，用少许香料佐味。文火慢蒸至少 5 个小时，静候食物熟透。有时候，等待也是感受美味的一部分。羊头，灵活运动的小块肌群丰富，质感多样。羊骨的中空结构减缓了热量传导，这也是羊头肉鲜嫩多汁的原因。蒸羊头是节日必备菜品，看上去零碎，却让家人的齐聚更加圆满。

经过上千年的时光，古城的容颜不曾更改。旧有的食物和生活，仿佛耳边的手鼓、脚下的砖石，在 6000 多条窄巷里，栩栩如生。

左页上 | 烧羊头
左页下左上 | 香料
左页下左下 | 油包肝烤串
左页下右 | 宰牲节家人聚餐

肆 | 狮头鹅

中国　广东汕头澄海区

鹅 肝 与 卤 鹅 上 品

食物繁盛之地，人们看待美食，往往眼光独到。

张泽锋的自信，源于他 15 年的从业经历。潮汕街头，这样的卤鹅档比比皆是。小店每天大约要制作 20 只卤鹅。中秋节来临，这个数字要乘以 3，小两口必须通宵加班。

除了鹅肉，本地人更爱一种内脏——鹅肝。鹅肝异常肥厚柔嫩，潮汕人称之为“粉肝”。这是肉品的极致。粉肝脂肪含量超过 50%，口感丰腴细腻，香温玉软。

在法国，人们烹饪鹅肝的历史已有 500 年。一副上好的鹅肝，可以成为这个星球上最昂贵的食材之一。超过 35℃，鹅肝开始溶化。在口腔温度的作用下，它将迅速化为半流质，鲜美醇香的滋味在口舌漫溢，惊喜来得猝不及防。

左页上 | 狮头鹅鹅胗
左页下 | 卤狮头鹅制作
右页 | 法式鹅肝配西班牙火腿

回到潮汕，无论日常还是重大节庆，卤鹅都不可或缺。在这个美食传统极其厚重的地区，要想安身立足，必须有过硬的手艺和一流的食材。

狮头鹅是中国最大鹅种，体重甚至接近 20 公斤。相比嫩鹅，超过 3 年的老鹅，口感打了不少折扣，价格却要高出许多。这种大鹅，恰恰是张泽锋着意挑选的目标。张泽锋少年入行，没受过系统训练，十几年埋头摸索，误打误撞，竟学到了一种顶级食材烹饪的精妙之处。秘诀在于缩小表皮与中心的温差。每隔半个小时，将鹅挂起，鹅膛内余温向外扩散，外加热卤反复浇淋，内外平衡，7 个小时后卤制完成。

在潮汕人看来，老鹅的精华，几乎全部上了头。那种肉感让人喜出望外，紧致的纤维，肥厚的胶质，在撕咬和咀嚼间快意往来，满足了人们对胶原蛋白的终极幻想。

中秋当日，不到中午，卤鹅销售一空。夫妻俩终于能歇下来，与家人团聚。

英雄不问来处，美味不论尊卑。有些食物，其貌不扬，出身平凡，却也可能峰回路转，等来绚烂时刻。

本节内容如实记录各地饮食生活方式，
为保护动物，请谨慎选择

右页上 | 狮头鹅老鹅头
右页左中 | 狮头鹅卤鹅制作
右页左下 | 狮头鹅卤鹅制作
右页右下 | 主人公与狮头鹅

ニューヨーク 12,320 キロ
北京2,040
ソウル

伍 | 鮟鱇鱼肝

日本　风间浦

海 底 的 鹅 肝

▌浪花灿开，雪又还原成水。

——[日]松尾芭蕉

离开陆地，海洋让人们的食物更加丰富。2 月，太平洋西北部，一些深海栖息的鱼被饵料吸引，升至海水上层。只有在这个季节，渔民才有机会捕到一种特殊渔获。雌性鮟鱇鱼，生性贪婪，是深海杀手。鮟鱇鱼周身软滑，不易在案板上切割，风间浦人用吊切手法进行处理。雌性鮟鱇鱼食量惊人，生就一副巨大肥厚的肝脏，约占体重的四分之一。清酒淋泡去腥，少量盐调味，蒸熟即可食用，细腻微甜。这是在风间浦最常见的做法。

鮟鱇鱼肝常常被比作海底的鹅肝。事实上，鮟鱇鱼肝更加娇柔软嫩，口感和风味也不逊于鹅肝。同样是动物内脏，因为难得和味美，鮟鱇鱼肝不仅成为食客的期待，也给厨师带来灵感。这是来自海洋的珍馐，脂香持久浓郁。新鲜的鮟鱇鱼肝，一年上市的时间不超过 3 个月。把大自然的四季轮回，化成盘中餐饭，一年一度，让人感怀。

左页上 | 日本风间浦　左页中左 | 鮟鱇鱼肝　左页中右 | 准备食材
左页下左 | 鮟鱇鱼肝炖锅　左页下右 | 夹起鮟鱇鱼肝

陆 | 猪蹄

杂 碎 人 气 单 品

顶级食材终归稀有，另一种食物更加寻常可亲。每年，全世界超过 11 亿头生猪出栏，在杂碎的榜单上，最平凡但人气超高的，也许正是猪蹄。

无论浓油赤酱，还是清汤焖炖，这坨胶质满满的东西，从来不会让人失望。

左页左 | 意大利猪蹄镶肉
左页右 | 浙江嵊州崇仁糟猪蹄
右页 | 上海糟猪蹄

意大利猪蹄镶肉

意大利　摩德纳

自 由 混 搭 的 美 食 智 慧

在意大利，人们对猪蹄有别样的理解。摩德纳是意大利传统农业重镇，猪肉加工产业极度发达。玛西莫家的肉食店由父亲创办，如今已经营 60 多年。在西方餐饮礼仪中，蹄骨不便入口，猪蹄的肌腱、筋节也让人望而却步。但在玛西莫的店里，猪蹄却备受欢迎。这种猪蹄需要用特制容器烹煮；跟中国人见惯的猪蹄不同，它看似稀松平常，却早已被偷梁换柱。

刀锋划过，既不能割破表皮，又要完好保留猪蹄的四个指节，大骨和蹄筋全部去除，只剩下一副“有趣的皮囊”。现在，中空的猪蹄将在玛西莫手里重获新生。盐、胡椒等调味料混合，比例和用量是家族的配方。猪皮和肉搅碎，猪蹄充当容器，满满灌入馅料。经过这番脱胎换骨，猪蹄摇身一变，成为摩德纳最负盛名的特产——猪蹄镶肉。70℃低温烘烤，猪蹄保持红润色泽，免于失水变硬。虽然当地已有流水线式的大规模生产，但玛西莫更习惯父辈传下来的方法。5 个小时后，猪蹄镶肉告成。馅料的油脂与鲜味，自内向外沁透表层；紧绷的猪皮，绑定一束香润缠绵。内在深得香肠真谛，外在更有猪皮加持。这是意大利人的美食智慧。

右页上 | 意大利猪蹄镶肉
右页左中 | 主人公准备食材　右页左下 | 将肉馅灌入猪蹄
右页右下 | 意大利猪蹄镶肉

崇仁糟猪蹄

中国　浙江嵊州崇仁镇

糟 货 的 古 老 智 慧

如何用神来之笔点化猪蹄，中国南方小镇有另一个答案。手工酿造黄酒，在裘家已传承近百年。68 岁的裘星育，在酒坊劳作半个多世纪，遇到重要环节，依然要亲自出马。裘星育和老伴在小镇生活了大半生，食物的味道亲切如初。

小火慢炖数小时，猪蹄富含的胶原蛋白，部分溶化成黏软的胶质。这只是起点，更令人着迷的风味，需要回酒坊找寻。

糯米和麦曲发酵时，搅拌控温、透气，俗称“开耙”，事关酿造品质。好酒需要慢慢酝酿。对待食物，有些人愿意耐心等待。经历三个月的冬季发酵，终于迎来榨酒时刻。条石重压下，生酒透过布袋渗出。利用谷物酿酒，制酒后的残留，中国人称为酒糟，在崇仁又叫作糟泥。这些糟泥并不会被浪费。糟，既是调料的称呼，也特指一种食物加工方法。加入食盐，使糟泥增味。裘家的糟泥有 10% 左右的酒精存留，脂肪、氨基酸和蛋白质含量丰富。团成球状入坛，继续发酵一年以上。糟泥有一整年的时间从容转化，开坛瞬间，酒香弥漫，香糟是决定食物风味的关键。

猪蹄简单熟制，滋味完全托付给香糟。用香糟覆盖食物，层层包裹，这是崇仁青睐的“干糟”。“耳鬓厮磨”中，猪蹄悄然蜕变。它等来的不仅是厚重酒香，还有发酵产生的清新鲜味。一周后，迎来开坛之时。颤抖的胶质、健硕的蹄筋，红润鲜香的尤物，表里通透。酒糟、微生物，加上时间和裘星育的经验，在坛子里一同酝酿。

上 | 浙江嵊州崇仁糟猪蹄
下左 | 酿酒　下中 | 在糟泥中加入食盐　下右 | 糟泥封坛

上海糟猪蹄

中国　上海

另 辟 蹊 径 的 海 派 糟 货

▌糟货之味比酒更醇厚，比酱更清淡，是一种阅尽沧桑后的淡泊，
同时又自然地带有一种老于世故的深沉回味。
——陆文夫

长江中下游地区，用酒糟制作的食物，统称“糟货”。在上海，糟制的鸡脚和猪蹄，最受欢迎。黄酒、糟泥与香料调和发酵，吊起过滤，获得清澈透亮的糟卤，这种手段被称为“吊糟”。浸泡猪蹄，蛋白质熟化。冷藏一夜，糟猪蹄玉洁冰清，鲜爽不腻，守信地提醒着上海人夏季的到来。吊糟的猪蹄只需两天即可享用，而崇仁糟猪蹄则需要漫长的守候。

糟制手法，始于 2000 多年前，源于节俭与保存食物的初衷，却触发转化的奇思妙想，让平凡的食物余韵悠长。

煎酒灌坛，酒坊结束忙碌，等待下一个冬酿时节的来临。

右页上 | 上海糟猪蹄
右页下左 | 黄酒、糟泥和香料混合
右页下右 | 吊糟－过滤

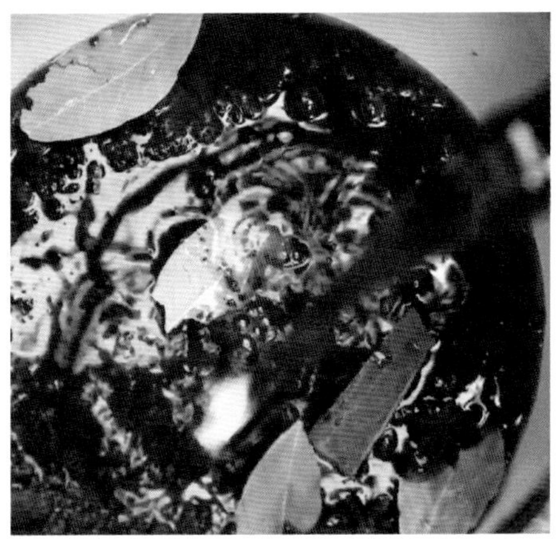

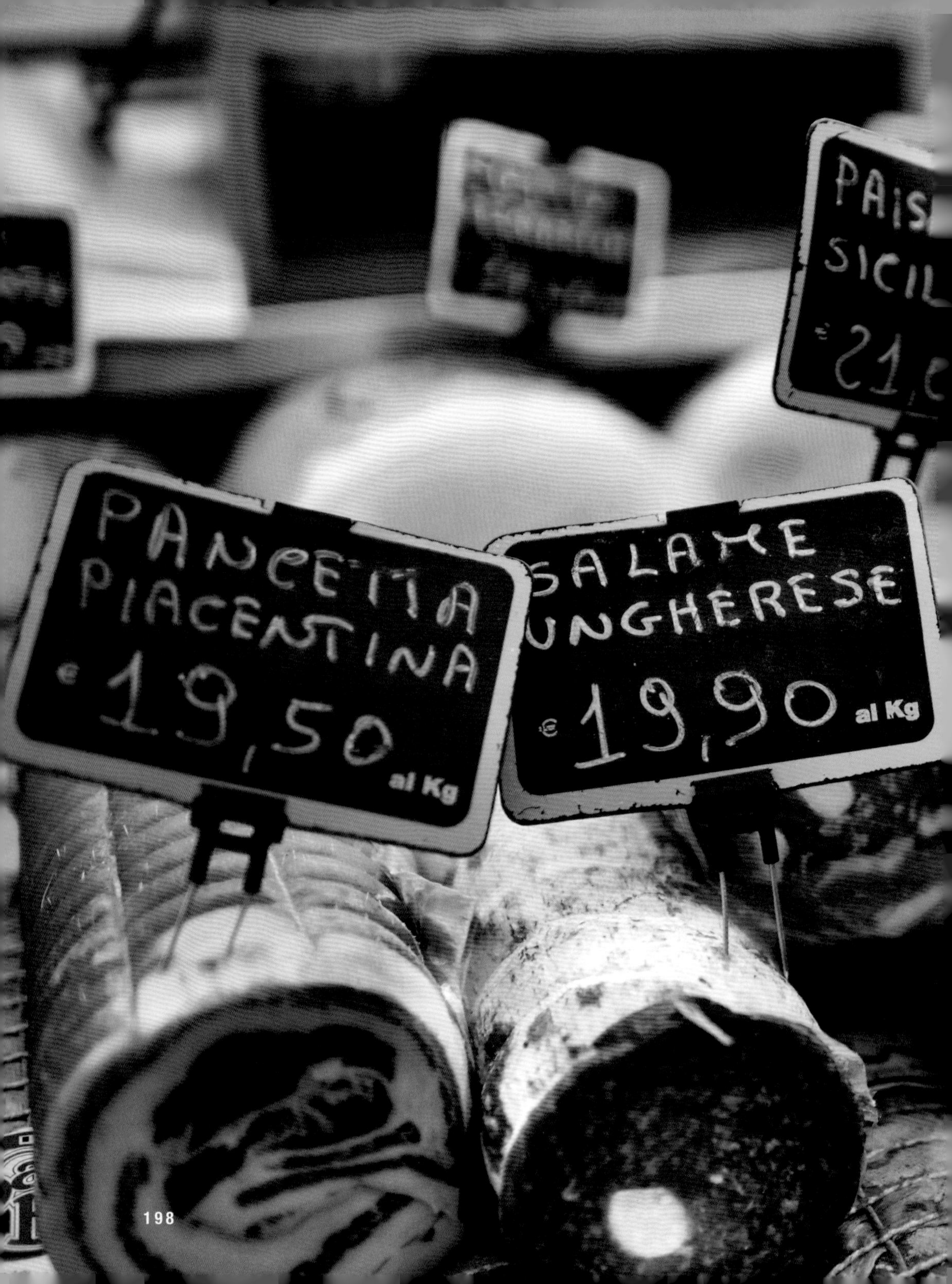
PANCETTA
PIACENTINA
€ 19,50
al Kg
SALAME
UNGHERESE
€ 19,90
al Kg

意大利摩德纳，

玛西莫用自家的猪蹄镶肉招待好友。

四川江油，

杨昌志盘算着开一家新店。

广东潮汕，

张泽锋依然固守着小小的斩料档。

杂和碎，都是相对整体而言的，
但在烹饪中，却从不多余。
从厨房到餐桌，
它们赢得姓名，完美逆袭。

归根结底，在食客心里，
世界上没有一块肉，
可以是一座孤岛。

原本是有翼之鸟
却被驯化成傍地而走的家禽

它跨越种族和地区
成为人类饮食中的世界语言

烹调上可繁可简
吃法上能缓能急

它被我们调教得如此妥帖
又被我们改造得如此彻底

没有哪种肉食，能像鸡这样
风情万种，南北通吃

壹 | 小鸡炖蘑菇

中国　黑龙江北红村

极 寒 里 的 慰 藉

家乡的冬天实在太漫长了。漫长得让我觉得时间是不流动的。

——迟子建

11 月，来自西伯利亚的寒冷气流，让江河遁形。薛同洲坐着雪爬犁，行驶在冰封的黑龙江上。冰面温度已近零下 30℃。北红村，中国最北端的村庄，与俄罗斯仅一江之隔。

鸡在院落里被散养，当地人称之为小笨鸡。直到 20 世纪初，这是中国最常见的家禽饲养方式。冬季减少户外活动，在东北，叫作猫冬。但今天，薛同洲带回了新鲜的江鱼——只需简单清炖，就是一道鲜甜美味。老伴厨艺不错，但薛同洲认为，这离不开自己的指导。足够小的灶火，加上相当慢的炖煮，造就流行于中国北方的炖菜。老两口平日在家，只关心蔬菜和粮食。

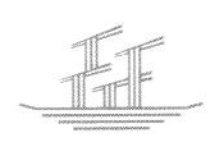

左页上 | 北红村
左页下左 | 凿冰
左页下右 | 捕鱼

今天立冬，在城里读书的外孙女放假回来。两个多月没见孩子，姥姥家囤储的好东西，今天都要拿出来。

大兴安岭的野生草蘑，秋天采摘，晒干后鲜味更浓。这是小笨鸡的灵魂搭档。相比于标准化养殖的鸡，小笨鸡岁龄长，肉质更加紧实；由多种谷物喂养，长期自由觅食，鸡肉能积累更充足的风味物质。草蘑的加入，成就了东北乡土菜的标志——小鸡炖蘑菇。

翻滚的汤汁咕嘟作响，浸染鸡肉精华，释放蘑菇深藏的浓香。焖炖一个小时，鲜味与肉汁充分融合。肉块呈现诱人的深褐色，肌纤维和胶质受热散开，依然嚼劲十足。

四方食事，不过一碗人间烟火。在漫长的冬日里，北红村静静等候着春天的消息。

鸡在严寒里能给人慰藉，它极强的适应能力，也让它在全球伴随人类的生存。

右页上 | 小笨鸡
右页下 | 小鸡炖蘑菇

贰 | 马拉松鸡

纳米比亚　翁丹瓜

极 品 走 地 鸡

非洲，烈日灼烧大地。这是撒哈拉沙漠以南最干旱的地区，高温下，地表水分的年蒸发量是降雨量的 5 倍。每一滴水都很珍贵。

正午，族人在马鲁拉树下乘凉，莫西则在照顾自己的鸡群。奥万博族人大多从事农业，但干旱让作物收成不济。23 岁的莫西渴望找到新的出路，如果成功，这将是一家十几口最重要的收入。

镇上的集市只有周末才开放。莫西早早到达，他打算售卖烤鸡来换取家人一周的口粮。

炭火炙烤下，鸡肉的油脂慢慢渗出，焦香迷人。除了一点点盐和辣椒，任何多余调料都可能破坏鸡肉自身的美味。

今天运气不错，烤鸡很受欢迎。莫西终于可以改善一下家人的生活。

左页上 | 马拉松鸡
左页下 | 莫西一家享用马拉松鸡

人类对鸡的驯化，大约始于一万年前。它饲养成本不高，是人类无法离开的家禽。

长期散养，忍耐力强，这些走地鸡被当地人冠以“马拉松鸡”的名号。运动量越大，红色肌肉纤维比例越高——这是马拉松鸡口感筋道的奥秘。

珍珠粟原产非洲，是奥万博族人的主食，捣碎后熬煮，直到质地黏稠，散发谷物特有的清香，人们喜欢用它搭配肉食。

此外，莫西要赋予马拉松鸡更多精彩。马鲁拉树被誉为非洲大地上的生命之树，它的果肉可以酿酒，果仁则富含油脂。单独烹煮马拉松鸡已是美味，浑厚的香气之外，一勺马鲁拉油增添坚果气息，风味更加浓郁。

作为被驯化的鸟类，鸡尽管已经不能高飞，但其羽翼覆盖了赤道和极地，而且一直影响着我们的星球。全世界每年有超过 600 亿只鸡被端上餐桌，鸡由此成为人类最重要的肉食来源。

右页上 | 马拉松鸡
右页下 | 莫西在集市上卖烤鸡

叁 | 炸鸡

韩国　大邱

“炸鸡共和国”

大邱，韩国第四大城市，20 世纪 60 年代，伴随肉鸡养殖业和冷链供应的兴起，炸鸡在这里盛行。20 多年前，卢尚晴从乡村来到大邱，凭借这种街头小吃，在城里站稳脚跟。她既是母亲，也是老师。儿子入行时间不长，现在还是生手。尽管母亲对基本功强调再三，但儿子似乎对开发新菜品更有热情。

鸡皮含有四成脂肪和大量水分，油炸会产生奇妙的口感。儿子决定先从它入手。鸡皮快速脱水，油脂渗出。炸鸡皮里外焦酥，入口爆香。

这是儿子在这个夏天的第一个创意，他希望得到顾客的认可。年轻人的尝试反响不错，母亲必须给予鼓励。

左页 | 坚果炸鸡

华灯初上，街头美食的比拼拉开大幕。如今，36000 多家炸鸡店在韩国遍地开花，要赢得顾客的胃口，卢尚晴得使出浑身解数。

速生肉鸡滋味单薄，却胜在肉嫩，与热油的相遇让它扬长避短。仅从油花翻滚的声音，卢尚晴就能精准判断火候。捞起冷却，多次油炸，热油中几番浮沉。酥脆里包裹着焦香，焦香里掩藏着软嫩。

原始的撕咬动作，激发多巴胺迅速占领大脑。有那么一刻，你几乎要相信，简单快速的油炸，就是烹鸡的不二法门。

右页上 | 原味炸鸡
右页下 | 炸鸡皮

肆 | 烧鸡

中国　安徽宿州

头 号 旅 食

▌日子越久就越旧，越旧就越舍不得丢掉。

——莫言

炸鸡风行不过几十年，在中国淮北，一种让人钟情的食物，同样跟随时代起伏。

宿州人的早晨在一碗鸡汤中苏醒。准备工作已经持续整夜。鸡蛋打散，冲入熬煮数小时的滚烫汤汁。这就是“䐁汤”，黄淮地区喜闻乐见的早餐。

鸡汤的鲜美，无法满足人们对鸡肉的热情需求。另一种鸡的做法，更让宿州人引以为豪。

左页 | 符离集烧鸡

这些天，68 岁的马老二内心喜忧参半。临近春节，顾客增多，烧鸡明显供不应求。淮北平原人烟稠密，是传统农耕地区。遇喜事宴请亲友，在当地叫“摆大席”。大席要彰显物质富足，鸡永远排在鱼、肉、蛋之前。这种习俗在乡间仍然延续。清晨 5 点刚过，马老二早早出发，他要尽快赶到烧鸡作坊。这样的早出晚归，几十年不曾间断。儿子刚进一批新货。平时一天大约制作 50 只烧鸡，春节前夕，需求量陡增 5 倍。

黏稠的麦芽糖化开，给整鸡上色。高温油炸，表皮发生褐变，色泽鲜亮。作坊由马老二的父亲开创，如今已经传到第三代。卤料的配方，各家大同小异。味道的微妙区别来自老师傅的直觉和对细节的拿捏。油炸后的整鸡，入大锅继续卤制。

马老二习惯使用炭火。旺火急攻半个小时，香味飘出后果断熄灭，全靠卤水余温继续浸焖一夜。父亲主张手工卤制，每天产量有限。儿子尝试改变，却没有得到老人的同意。9 个小时后，烧鸡出锅。鸡皮最是入味，脂香浓郁。与厚重紧致的红肉相比，白肉来得更为鲜嫩，滋味润泽而散淡。卤汁与脂肪凝成肉冻，楚楚颤动，化成满口甘香。

右页 | 符离集烧鸡

一百多年来，火车改变着中国，也铿锵有力地传递着沿线的风味。烧鸡便于携带，适合常温食用，甚至无须餐具，是绿皮火车时代的头号旅食。食物如同产生它的年月，往往花开有时。儿孙的迎新，老马的辞岁，中间隔着一个时代。好在新年的团聚，总能弥合一切。

无肉不欢，举世皆同。大快朵颐的酣畅，激发着灵感和想象。人们“因材施教”，丈量食物的每一个细节，不断探索它的边界和可能。

伍 | 黔江鸡杂

中国　重庆

独 树 一 帜

秋分，火炉山城真正褪尽暑气。然而，餐馆后厨依然热火朝天。

三孃身兼数职，是前厅后厨运转的轴心。重庆人性格直率火辣，口味也不拘一格。即便是同样食材衍生的菜肴，也能自成天地。在不同厨师手中，鸡肉变幻出万千风情，满足南来北往挑剔的胃口。吃鸡江湖山头林立，要独树一帜并不容易。

起初，三孃离开老家黔江来到重庆，一边陪女儿读书，一边打理餐馆。今天，又该制作泡菜了。萝卜、辣椒反复清洗，放入土缸。加入食盐保鲜，土冰糖提味。密闭发酵两周，等待酸辣风味的生成。这是家乡的味道。除了味道，跟三孃一起来重庆的，还有共事多年的老员工；一些家族亲戚，也前来投靠。

左页上 | 黔江鸡杂
左页下 | 黔江鸡杂原材料

熟悉的老家风味，也是三孃在都市里容身的看家本领，这就是黔江鸡杂。相比于鸡肉，杂碎似乎不上台面。但黔江人用它们做足了文章。

鸡胗独具魅力。这是鸡的胃部肌肉，紧实而富有弹性，切片后纹理细腻，质地脆嫩。猛火快炒，最大程度保持爽脆。泡椒提辣去腥，酸萝卜生津开胃，酸辣鲜爽调和鸡杂，爆炒中风味得到绽放。鸡杂上桌，需要趁热享用。满锅的脆韧和火辣，“小而美”的鸡杂，因天生的袖珍和紧致，也拥有了自己的名号。

夜凉如水，三孃忙得脚不沾地。女儿下晚自习回来，生意仍没有结束的迹象。八年前，母女俩来到重庆，就像发生在昨天一样。

左页 | 三孃和她的父亲
右页上 | 歌乐山辣子鸡
右页左中 | 李子坝梁山鸡
右页左下 | 尖椒鸡
右页右中 | 松茸土鸡汤加黄豆
右页右下 | 泡菜

一軒め酒場
190円
DEN DO
SLOT
のんじゃえ!
TAX FREE
PASTA! PASTA!!
本格
生パスタ
お店
2階席
1串100円より
串揚げ
じゅらく
二階席
あります

陆 | 烧鸟

日本　东京

"一生悬命"

为使人生幸福，必须热爱日常琐事。

——[日]芥川龙之介

重庆的三孃用鲜辣实现滋味一统。3000 公里之外，日本厨师更愿意分门别类，逐一对待。

每天下午三点半，池川义辉都会按时出门，10 分钟后到达自己的烧鸟店。四点半，师徒五人准时开餐。10 分钟用餐完毕，他们将一直忙碌到深夜。

左页 | 日本东京街道

鸡的每个部位自有奥妙，分解必须由池川亲手完成。早期日语里，鸡被称作“庭院之鸟”。烧鸟，可被理解为日式烤串，食材以新鲜鸡肉和鸡杂为主。烧鸟这种日常食物，出现于 17 世纪。它起初是日本贫寒人家食用的禽类烧烤，几经演变，成为充满庶民风情的美味。

烧鸟训练要求严格，池川在做学徒时，入门第三年才进阶到穿串。烤鸡翅看似寻常，但由于骨肉并存，火候的掌握并不轻松。炭火逼出油脂，适时翻转，上下均衡受热。酱汁滋润表皮，并带来额外香气。焦香多汁的烤鸡翅，是烧鸟的基本款。

池川义辉是业内高手，每天都有食客慕名而来。他尤其擅长料理鸡的一些特殊部位。将鸡肝等内脏与蛋胞串在一起，日本人形象地称之为“提灯”。这种奇妙组合，炙烤后能给人带来多种截然不同的体验。爱好者往往欣然销魂，但对初尝者，则是一次充满刺激的味蕾探险。蛋胞入口爆浆，浓郁绵滑的蛋液包裹内脏，在口腔里游荡，滋味复杂而玄妙。从鸡肉到鸡杂，一只鸡被精细区分出几十种不同美味，这大概是食材处理的极致。

将毕生心力致于一事一物，在日文的语境里，叫“一生悬命”。

右页上 | 烧鸟拼盘
右页下左 | 烤提灯
右页下右 | 池川义辉制作食物

柒 | 鸡豆花

中国　四川成都

川 菜 传 奇

早上一碗豆花饭，是很多老四川人的习惯。大豆制品，是中国人补充蛋白质的重要途径。豆浆烧至沸腾，加入盐卤，奇妙的转化开始发生。在盐卤的凝聚作用下，植物蛋白转变成另外一种食物形态。运用同样的灵感，一块不入中国食客法眼的鸡肉，到川菜大厨手中，就有了翻身的机会。

口感略显呆板的鸡脯肉，与高汤重新组合，让一道传奇菜肴得以诞生。千锤百炼，鸡脯肉化为茸泥。冷高汤化开鸡茸，加入蛋清、豆粉和盐调匀。蛋白质遇热迅速凝结，形如豆花。鸡豆花细嫩爽滑，有高汤打底，更加清新脱俗。

中国人运用转化的智慧，成就一道川菜经典。

左页 | 鸡豆花

Bresse

捌 | 布雷斯鸡

法国　里昂沃纳镇

王 者 之 禽

创造一款新的菜肴，它的快乐，相当于在夜空中发现了一颗新的星球。

——[法] 布里亚 – 萨瓦兰

在遥远的欧洲大陆，有一种食材，天生自带传奇。

乔治·布兰科是法国备受尊敬的主厨。这间 150 岁的餐厅，由布兰科的曾祖母创建，历经四代传承。餐厅生命力持久，跟当地的一种特有食材有关。

今天，布兰科决定前往 20 公里外的一家农场，去看望一位老朋友。

布雷斯鸡，鸡冠鲜红，羽毛雪白，鸡爪钢蓝，恰好与法国国旗撞色，被当地人誉为“王者之禽”。农场主西里尔饲养着 3000 多只布雷斯鸡，大部分会提供给布兰科的餐厅。

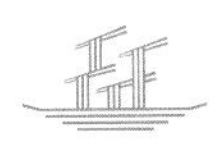

左页上左 | 用布封好的布雷斯鸡
左页上右 | 布雷斯鸡
左页下 | 烤布雷斯鸡

从草地走上餐桌，肌肉紧实的布雷斯鸡还要经过“育肥”，长出丰盈油花，肥瘦比例达到完美平衡。品质最好的阉鸡和肥母鸡，才能享有布封的尊贵礼遇：用麻布包裹，大针走线，紧密缝合。这种处理食材的工艺，暗合今天肉类熟成的理念。

风味的修饰借助熟成完成了一半，烹饪反而大道至简。仅用白葡萄酒和奶油做基底，这是祖母创立的方法。布雷斯鸡肉质极富力量感，它的弹性与温润的酱汁相得益彰，羊肚菌的香气增添了野趣。此时，潮湿肥沃的布雷斯平原仿佛被铺陈盘中。

7 月底，小镇迎来了一年中最热闹的时刻。布雷斯鸡饲养成本高，每年出产有限，平时难得一尝。一年一度的布雷斯鸡节，吸引着来自全欧洲的热情食客。布兰科一直没有停止探索。鸡腿上部与脊骨夹角的中空处，隐藏着两块“小鲜肉”，形似牡蛎，法国人美其名曰锦鸡蚝。牡蛎肉搭配锦鸡蚝，大概是布兰科能想到的，大海和陆地精华的邂逅。

总有一些食物牢固地生长在孕育它们的土地上，风味与水土互相成就，无法分割。有时候，它们也参与塑造一方族群独有的生活方式。

右页左 | 烤布雷斯鸡
右页右上 | 烤布雷斯鸡鸡胸肉
右页右下 | 锦鸡蚝

玖 | 椰子鸡

中国　海南博鳌乐城村

赛 肥 鸡

元宵节将至，一场重要比赛就要到来。

捣碎的花生米和鲜贝壳，能让鸡有效增肥，马振秋正在为比赛做最后的准备。

海南文昌是鸡的优质种源地，这与当地人对鸡肉的热爱密不可分。按习俗，春节期间，每天餐桌上有鸡，一年才能如意。

老马烧得一手好菜，他的烹饪技艺，大都来自厨师父亲。半年以上的文昌鸡肉质最为肥美，生姜提味去腥，刮丝的椰肉更添海岛风味。倒入椰汁，大火蒸煮。两个小时后，烹饪成果才见分晓。

密闭的椰壳内，文昌鸡被椰汁彻底浸透，油脂溶出，肥腴和鲜甜水乳交融。

左页上 | 把文昌鸡鸡块放入椰壳
左页下 | 海南椰子鸡

在中国的餐桌上，鸡寻常又亲切，既可以作为美味存在，也有凌驾于饮食之上的寓意。

琼州海峡的阻隔，使更多传统民风得以保留。每逢元宵，村里都会举办肥鸡大赛，马振秋已经连续十几年夺冠。他希望今年好运仍在。

比赛如期进行，等待一年的老马踌躇满志。

夺冠，不仅能收获荣誉，更能收获村民们对养殖达人的尊敬。

卫冕压力巨大，他并没有十足的把握。近 10 公斤重的大肥鸡最终胜出，马振秋再一次不负众望。

右页上 | 马振秋一家庆祝夺冠
右页下 | 白切文昌鸡

黑龙江北红村，
气温降到零下 35℃，
小笨鸡是薛同洲家漫长冬季的肉食储备。

学校驻地

鳥しき

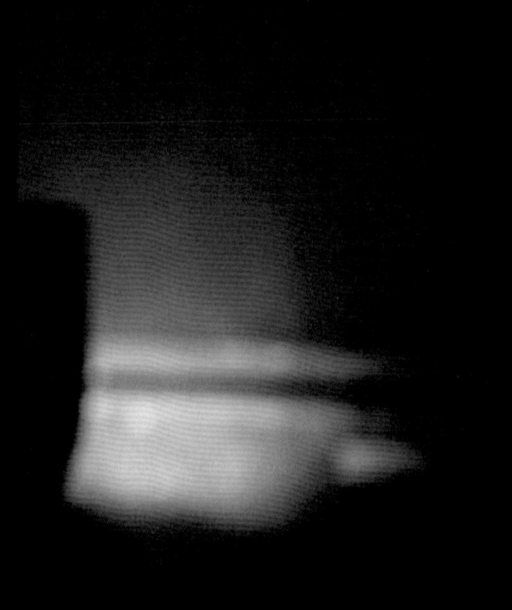

纳米比亚，
莫西和家人燃起篝火，
祈求雨水降临。

重庆，
三嬢送完女儿上学，
又出现在菜市场。

从来没有哪种动物，

像鸡一样与人类的餐桌如此紧密关联。

它们跨越东西，辗转万里，

穿过人间烟火，留下风情万千。

这是生命初始的形态
既娇弱，又充满能量
正如天地混沌未开

大江大海，平野山川
人们运用转化的智慧
变通的灵感
把晶莹饱满的卵和蛋
变成餐桌上的奇迹与日常

这一枚枚颗粒
浓缩鸿蒙苍穹的传奇

壹 | 鲱鱼子

美国　阿拉斯加锡特卡

古 老 的 生 命 能 量

4 月，天气转暖。阿拉斯加漫长的冬季终于过去，海洋中出现更多生命迹象。基克阿迪氏族的人们锯下铁杉树枝，去执行部族的春季任务。这是一个信号，锡特卡一年一度的海底盛会，即将到来。

铁杉树枝沉入海底，静静等待。古老的生命能量，即将附着于此。基克阿迪人相信，自己的祖先曾追随一种海洋生物，辗转而来。数以亿计的鲱鱼如约而至，在附近海域集结产卵。

大约 10 亿年前，海洋中出现卵生物种。一条鲱鱼可产下 4 万枚卵。温水浸烫，原味食用。脆实的牙感过后，口腔中弥漫的，只有大海的味道。

几颗鲱鱼子，代表春天和生命的来临，也是凝聚族人的味觉标识。鲱鱼繁殖季，海面布满旺盛的生命信息，大海的景观也为之改变。

左页上 | 鲱鱼子沙拉
左页下左 | 铁杉树枝上的鲱鱼卵
左页下右 | 收获鲱鱼卵

本节内容如实记录各地饮食方式，
为保护动物，请谨慎选择

贰 | 欧白鲑鱼子酱

瑞典　卡利克斯

整 个 国 度 的 期 待

▍没有宴饮的人生，如同没有旅店的漫漫长路。

——[古希腊] 德谟克利特

同处北极圈边缘，瑞典人对鱼子的爱，更多来自风味的召唤。瑞典卡利克斯，河流与海洋交汇，造就全球最大的咸淡水群岛。深秋，一种体形修长的海鱼，打破平日的沉静。

萨莉与丈夫居住在小岛上，地处偏远，家里很少有客人造访。夫妻俩退休后，一日三餐是头等大事。获取烹饪所需的食材，大多需要他们亲力亲为。9 月，一种美味的出现，让他们有机会丰富单调的菜单。

繁殖季节，卡利克斯充沛的咸淡水，吸引了大量待产的欧白鲑。这里海水含盐量极低，所孕育的欧白鲑鱼子，有近乎透明的橘黄色泽。娇嫩的鱼卵蓄积的营养和风味，远超鱼肉。鱼子含有大量游离氨基酸，盐的参与让鲜味更加凸显。

左页 | 洋葱欧白鲑鱼子酱佐全麦面包

全球鲜食鱼子的族群，大都只用简单的方式料理。薄盐腌渍，鱼子愈加丰满通透，呈现浓郁甘鲜的滋味。不过，卡利克斯鱼子更为独特，以清爽淡雅著称。冬季来临前，整个瑞典都在期待这一抹橘黄亮色。

单独食用已是珍馐，厨师们还要锦上添花。无论烹饪技法如何混搭，一勺咸鲜的鱼子酱，不事雕琢，却总能光彩夺目。在当地，品尝鲜鱼子的时间，全年只有一个多月。邀约挚友，没有比这更充足的理由。

因为老友的旧情，和渔获的新鲜，暮秋的景色和萨莉夫妇的院落一样，变得温暖起来。今晚，萨莉要拿出最好的厨艺。黑面包打碎，蛋黄酱、胡椒、莳萝碎和欧芹混合，做成基底。谷物和植物的香气之上，一层鱼子极尽铺张，给朋友们的聚会添彩。

友情在畅饮中沉淀，鱼子的鲜美喷薄欲出。在卡利克斯人的评价体系里，这抹暖色至高无上。

本节内容如实记录各地饮食方式，为保护动物，请谨慎选择

右页上 | 欧白鲑鱼子酱蛋糕
右页左中上 | 欧白鲑鱼子酱生蚝
右页左中下 | 深海鲷鱼佐欧白鲑鱼子酱
右页左下 | 欧白鲑鱼子酱牛油果派
右页右下 | 萨莉与朋友分享欧白鲑鱼子酱蛋糕

叁 | 灌蛋

中国　福建顺昌夏墩村

风 味 和 技 艺 的 升 华

故乡是让我们抵达这个世界深处的一个途径，一个起点。

——阿来

翻阅人类饮食地图，并非谁都能领略鱼子之美。但另一种“颗粒”——鸡蛋，却跨越地域和习俗，成为这个地球上消耗数量最多的食物。全球人一天大约要吃掉25亿枚鸡蛋。

福建顺昌，地处武夷山区。凌晨4点，小城还未苏醒，何丹华夫妇已经开始忙碌。5年来，夫妻二人凭借独特的手艺，在县城这个丁字路口谋生。县城不大，要吸引人们来消费，得有点儿名堂。何丹华没有制胜秘诀，首先要确保食材新鲜。麻鸭蛋在第一时间送达，随后的环节，起点可以追溯到何丹华的故乡。夏墩村是何丹华的出生地。高山环绕中，它像一座孤岛。一些时间久远的食物在这里还能找到遗存。附近村落的人善用鸭蛋，打散后，灌入洗净的猪小肠。蛋肠嫩滑爽口。

左页 | 顺昌灌蛋

鸭蛋既能充任馅料，也可以担当皮囊，这就是何丹华贴身携带的看家绝活。猪肉四成肥、六成瘦，剁碎作馅，肥嫩润泽而不腻。野生红菇泡发，切成碎丁，平添几抹山林清香。剁馅大开大合，考验力道。紧随其后，何丹华要使出绵里藏针的绣花功。必须用当天的鸭蛋。蛋清包裹的蛋黄，有一个不易察觉的小小孔眼。导入肉馅的过程，叫作灌蛋。一枚合格的灌蛋，必须馅料够足而蛋黄不破。开文火悉心调制。蛋白质液体拉扯凝聚，形成柔嫩质地；水温缓慢升高，蛋黄与肉馅逐渐熟透。

与灌蛋不谋而合又截然相反的样本，掌握在英国人手中。鸡蛋煮到半熟，裹上厚厚的肉馅，入锅油炸。苏格兰蛋出现于18世纪，至今仍是英国人钟爱的美食。

何丹华和妻子并不知道这么多故事，他们甚至很少离开顺昌。一天工作18个小时，一年制作几万枚灌蛋。秉持故乡食物，走在属于他们的世界。

蛋，最具营养的食物之一。正如植物的种子，自带孵化新生所需的一切能量。

灌蛋使它的风味再次获得升华。

右页上 | 顺昌灌蛋
右页下左 | 蛋肠制作
右页下中 | 蛋肠
右页下右 | 野生红菇调配猪肉糜

肆｜蛋黄粽

中国　江苏高邮

金 风 玉 露 的 相 逢

大约一万年前，人类开始学习驯养禽类。相比于肉食，驯养禽类更多的动机也许是为了获取蛋品。

4 岁的可乐与姐姐可可，总是乐意做外公的帮手。父母在外地工作，姐妹俩一直在外公外婆身边生活。外婆掌管伙食，一日三餐要变出花样。

清明过后，昼长日暖，麻鸭蛋不易保存。外公外婆要对它们进行一番点化。腌制，看上去是为了保存，但真正目标却是美味。相比鸡蛋，鸭蛋腥味较重，加热后更加明显。经过盐腌，腥气消除，这是千百年的民间智慧。

左页上 | 高邮蛋黄粽
左页下 | 高邮蛋黄粽切面
右页 | 可可和可乐捡鸭蛋

陶罐中正上演一场缓慢而奇妙的转化。盐抑制霉菌生长，分解的离子穿越蛋壳上的细小孔隙，蛋黄逐渐凝固，黄油晶莹欲滴，沙沙的颗粒口感可人。

有了咸蛋，厨师们就多了一个帮手。无论冷食热炒，还是汤羹甜点，咸蛋黄的每次参与，都能为食物增添特别的风采。

入夏，妈妈特意赶了回来。端午节将至。按照中国传统，有一种食物必须在这时候出现。在高邮，蛋黄粽几乎陪伴过每个孩子的童年。

糯米在芦苇叶里打底，放入整颗蛋黄。谷物的朴素、植物的清新，彰显蛋黄的浓郁和厚重。粽子入锅，焖煮 4 个小时。

蛋黄咸香适口，糯米莹润粘连。这是植物和动物的种子，金风玉露般的相逢。

按照当地风俗，端午节的餐桌上，要有 12 道跟红色相关的食物，俗称“十二红”。外婆放在食物里的，还有朴素的祈愿：日子红火，家人齐整。

右页上左 | 包红豆蜜枣粽　右页上右 | 蛋黄粽内的咸蛋黄
右页中 | 包好的蛋黄粽
右页下左 | 朱砂豆腐　右页下中 | 玛瑙蛋　右页下右 | 咸蛋黄小龙虾

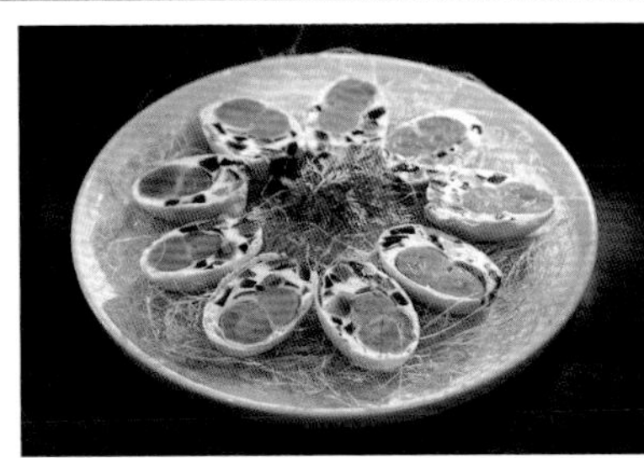

伍 | 咸蛋黄冰激凌

美国　洛杉矶

东 西 合 璧

> 世上任何东西都有权利诞生，就连一个想法也不例外。
>
> ——[澳大利亚] 考琳 · 麦卡洛

同样的食材到达远方，往往牵出奇妙的念头，让食物以全新的面目出现。

美国洛杉矶，包容和多元是这座城市的底色。来自东方的食物，崇尚地道，但不排斥变通。它们看上去十分正统，却总有哪里似是而非。

艾德里安出生在美国，有四分之一的中国血统。中餐厅是解馋的去处，也是触发灵感的地方。艾德里安的梦想安置在街角的冰激凌店。冰激凌深受美国人欢迎，平均每人一年要吃掉 20 升，是夏日里的街头明星。

自幼熟悉的咸蛋黄让艾德里安突发奇想。去除蛋壳蛋清，只保留蛋黄，用盐完全覆盖，加速蜕变，比带壳腌制更为直接。

左页 | 咸蛋黄奶油冰激凌

艾德里安是 3 个孩子的母亲。东方的食物基因与西方的生活方式，在这个家庭里和谐共处。

鸭蛋黄有太阳的形状和色彩。四五天后，外层凝固，中间呈现溏心状，为即将出品的冰激凌带来浓郁的脂类香气。腌制 10 天的蛋黄，产生类似奶酪的馥郁滋味。磨碎后与冰激凌充分混合，甜与咸、丝滑与颗粒感，取得微妙的平衡。

有多少人钟情传统，就有多少人迷恋创新。越来越多的美国厨师发现，用硬蛋黄替代干酪，与各种食物搭配，能得到意外的惊喜。一次次创新让食物不停游走，一路精彩。经过反复试验，艾德里安找到自己的配方。

凝结阳光的精华，融入冰雪的温度。东方古老智慧，与西方现代工艺，一见倾心，仿佛隔世的久别重逢。

食物向来如此，有的推陈出新，有的越久越醇。盐和时间，总是乐于充当风味的摆渡人。

右页上 | 鱼子酱佐牛腱配腌蛋黄
右页中 | 流沙包
右页下 | 橄榄油腌香草咸蛋黄

陆 | 乌鱼子

中国　台湾嘉义

味 道 塑 造 生 活

12 月，台湾嘉义渔港，又一批新鲜渔获抵达。58 岁的张金国照例前来打探消息，但普通的鱼勾不起他的兴趣。冬至前后出现的一种特殊海产，让他高度紧张。凌晨，数千公斤乌鱼到港，这是他的真正目标。乌鱼又名鲻鱼，在中国沿海广泛分布。入冬，大量乌鱼洄游到台湾海峡。

40 多年前，张金国白手起家，多年摸爬滚打，他掌握了一门手艺。成熟的乌鱼硕大肥美，体内的鱼卵，当地人称为“乌鱼子”。女儿要用它来做一道开胃小食。洋葱、大蒜、瑶柱爆香，加入乌鱼子同烩。乌鱼子酱甜咸互济，肥腴鲜香。繁重的工作即将开始，此后一个月，家人很难再这样安静用餐。

夜色渐浓，从今晚开始，张金国家的灯光要彻夜长明。嘉义的冬天，气温高于 20℃，新鲜乌鱼子极易变质。既要争分夺秒，又得控制力道，确保品相完整。重盐渗透，重压脱水，静待风味转化。

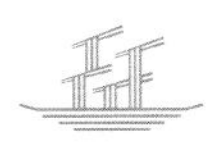

左页上 | 新鲜乌鱼子
左页下 | 炙烧乌鱼子

要吃到张金国的乌鱼子，却丝毫不能心急。

太平洋的风持续吹拂。不断翻动，使乌鱼子水分均衡蒸发。氨基酸、脂肪和糖浓缩褐变，焕发诱人色泽。

数百年来，乌鱼子在东亚乃至欧洲，始终热度不减。它富含长链蜡酯，口感奇特，味道如火腿般厚重，更多几分甘鲜与咸香。

先用高粱酒浸泡，脱膜去腥，高温炙烤。

外层干爽焦香，内里依然软糯黏牙，与蒜苗、白萝卜同时入口，脆与韧、辛与鲜杂糅，滋味令人神魂颠倒。

最后一批乌鱼子即将晾晒完毕，一家人可以安心等待新年。

40 余年匆匆而过，味道塑造的，除了传统，还有人们的生活。

右页上 | 翻动晾晒中的乌鱼子
右页下左 | 乌鱼子加高粱酒浸泡
右页下中 | 乌鱼子重压脱水
右页下右 | 炙烧乌鱼子

柒 | 三虾面

中国　江苏苏州

淡 水 至 鲜

乌鱼子的美味需要缓慢生成，向北 1000 公里，一种淡水至鲜却稍纵即逝。初夏，青虾抱卵，太湖的“虾汛”到了。苏州人挑剔的味蕾，将迎来久违的满足。

张龙生是老苏州，经营着一家苏式面馆。苏式面的浇头，是随时节变换的风景。四季有别，只吃当季，这仰赖四时不同的丰富出产。小满前后，苏州人把期待留给与三虾面的短暂相会。

阿姨是熟练的手指舞蹈家，谈笑间，将虾仁、虾脑、虾子逐一分离。虾子内含有大量谷氨酸，所谓“至鲜”，由此而来。世间美物，如昙花一现。老苏州绝不肯错失时机。小火，干锅，几滴绍兴老酒，3 个小时的翻炒。

除了刺绣，也许只有制作虾子，更能让苏州人甘于付出他们的精细和耐心。虾子完全脱水，每一粒都是即将启动的鲜味引擎。虾仁脆嫩，虾脑醇厚，虾子咸鲜。三虾面应时上桌，就连享用它，在张龙生看来，都满是学问。

左页上 | 三虾面
左页下 | 苏式面

捌 | 蚂蚁蛋

墨西哥　伊达尔戈州阿克托潘镇

席　上　之　珍

▌当岁月流逝，所有的东西都消失殆尽的时候，
唯有空中飘荡的气味还恋恋不散，让往事历历在目。
——[法] 马塞尔 · 普鲁斯特

在墨西哥，人们对昆虫爱得更为炽热浓烈。墨西哥人烹饪昆虫的历史超过千年，当地可食用的昆虫超过 500 种。蚂蚁蛋在墨西哥被称作“伊斯卡莫”。

5 月，阿克托潘边缘的热带荒野，干旱四季如一。在这里，只有观察天空才能知道季节的变化。爱德华多兄弟头顶酷热，在龙舌兰根部搜寻蚁穴。

左页 | 牛排蚂蚁蛋
右页 | 蚁巢

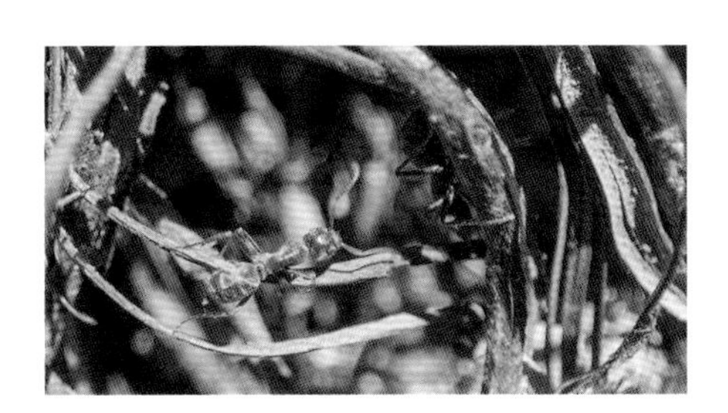

一种稀少昂贵的蚂蚁蛋，每年只出现两个月，能给兄弟俩带来不错的收入。刚挖出的蚂蚁蛋吹弹可破，收集时必须小心翼翼。

生吃，味道混合了黄油、杏仁，并伴有轻微的刺激性气味。昆虫餐厅的厨师，都在期待。

诺拉在镇上经营一家本地特色餐厅，店中菜式大都来自母亲的配方。在诺拉的餐厅，食用伊斯卡莫的季节一到，其他菜品只能甘作配角。使用大量黄油、鸭脚草、洋葱，与蚂蚁蛋合炒。伊斯卡莫有微微发酵的酸味和淡淡奶香，用玉米饼包裹，口感弹软厚实，满口都是春天该有的鲜嫩和惊喜。

周三，诺拉照例休息。因为伊斯卡莫的出现，下午的家族聚会，将格外隆重。过去母亲总会制作的菜肴，诺拉坚持让它出现在每个春天。鲜甜爽脆的普埃布拉大青椒，焙烤后摘籽去皮，塞入炒熟的伊斯卡莫。从母亲那里，她继承了烹饪的天赋和热情。

人生的喜怒哀乐，恰如菜肴中的苦辣酸甜。

右页 | 黄油蚂蚁蛋配鸡蛋饼

瑞典卡利克斯，
大雪来临前，
萨莉夫妇去森林采集食材。

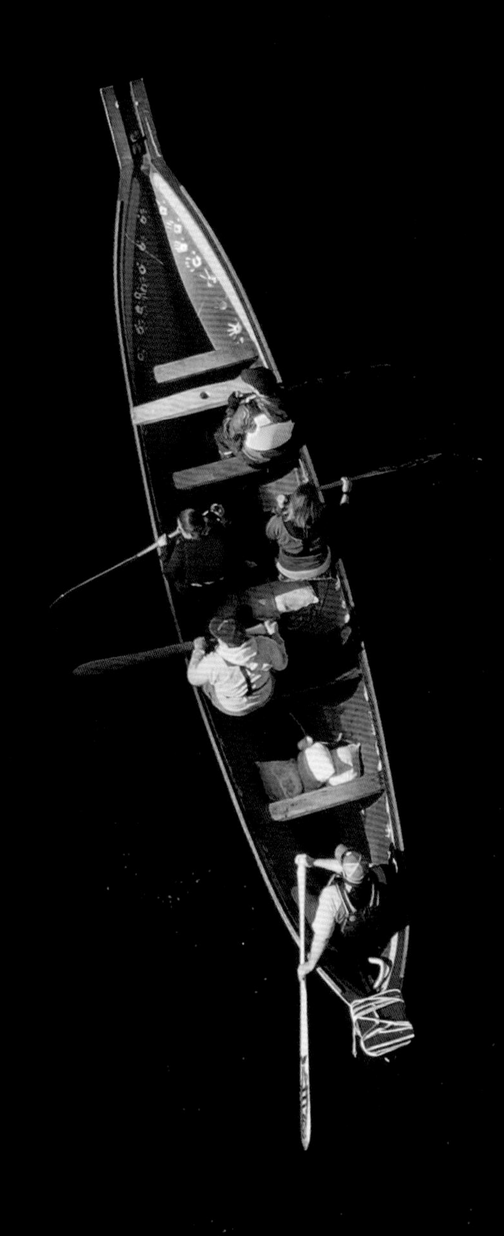

福建顺昌，
何丹华忙里偷闲，
回老家看望亲人。

美国洛杉矶，
艾德里安花更多时间陪伴孩子，
她努力做一名好母亲。

小小颗粒，无尽苍穹，
能装点淡饭粗茶，也可做席上之珍。

用滋养和创造的力量，
在寻常之中，
见出奇迹和不凡。

大肚能容，容天下可容之物
皮囊可藏，藏世上万千风味

任何食材一旦披上肠衣
几乎都能用相同的方式
完成华丽转身
尺寸随意，丰俭由人

若不能吞吐万象
何以魅惑人间

壹 | 广式香肠

中国　广东连州石山脚村

风霜的韵味

▌每每到了冬日，才能实实在在触摸到了岁月。

—— 冯骥才

农历十二月，风与雾在山野之间游走，天气捉摸不定。连日阴雨，但胡本洋夫妇还是像往年那样，着手制作冬季食物。肉类经腌制干燥，以备年节之用，在中国被称作“腊味”。腊味能保存半年以上，其制作方法可以追溯到3000年前。

另一种食物，需要更多规划和重塑。肥瘦分别处理。瘦肉用盐和胡椒码味，肥肉则会受到特别对待。糖与脂肪融合，产生丰富的蔗糖酯，油腻感大幅度降低。与白酒一道，催生全新的风味与口感。连续三个昼夜的腌渍，肥肉温润透明，广东话叫“冰肉”。神奇的冰肉在传统粤菜中应用广泛，与猪肝、蛋黄并列排布，再用鹅肠捆得严丝合缝。桂花扎，外表的香酥到核心的沙糯，丰盈而内敛的冰肉，从中巧妙过渡。

左页上 | 腊肠

左页左下 | 桂花扎　左页右中 | 条状冰肉与猪肝、蛋黄　左页右下 | 制作冰肉

临近冬至，未来的儿媳要登门。今年的制作似乎多了几分喜悦。肥瘦肉 1 ：4 灌入，扎孔释放多余空气，防止氧化甚至腐败。馅料装进肠衣。这种食物就是香肠，在当地又叫腊肠。寒霜使蔬菜泛出更多甜味。北风吹过南岭，在山坳风口晾制的腊味往往更加出众。

腊肠是当地人无法割舍的日常小食。砂锅里放入大米和腊肠，烹煮后，油脂渗出，丰腴而不腻。腊肠切成薄片，酒香拥簇着润甜，唤醒一颗颗饱满的饭粒。此时必须有一勺酱汁。腊味饭，朴素的外表下，美味圆满而自足。

农闲时节，半个月的光景，腊肠脱水告成。冬至，儿子带着女朋友回家。今天，夫妇俩准备已久的食材都要派上大用场。腊肠切丁，蔬菜剁碎作馅，糯米粉包裹，蘸上黑芝麻。谷物的清新和腊味的鲜香浑然一体。肉末、鸡蛋和爽脆的马蹄灌入猪大肠，酿蛋肠，现做现吃，细腻中富有弹劲。

精心晾晒的腊味也隆重上桌。

腊肠的美味，仰赖风霜和时间再造。盘中餐和身边人，新与旧的交替，转换之间，味道变得更加悠长。

右页 | 酿蛋肠

香肠的出现，最早或许是为食物的保存和充分利用。肉类的零星边角料，打碎重组，灌入肠衣。肥瘦自由配比，身材灵活多变，加上各自喜爱的调味，香肠遂成为人们心目中的万能肉食。

从严寒到酷暑，它的足迹遍布全球。超脱储存食物的定位，香肠一路演绎，融入各地的奇思妙想。不同的传统与喜好，成就它的万象纷呈。

贰 | 酸香肠

泰国 曼谷 & 伊善猜也蓬府

油 与 酸 的 缠 绵

中南半岛上的泰国，常年炎热，一种滋味大行其道。酸，能快速刺激味蕾，让人口舌生津。要收获酸味，泰国人有多种途径。

泰苏嗒 24 岁，大学毕业回到家乡。母亲去世后，她要学习更多生活技能。家乡盛产香米，当地人用它获取一种酸爽的味道。相对生米，米粒在煮熟后淀粉展开，更易于发酵。父亲几十年的制作经验，现在要传授给女儿。

气温超过 30℃，新鲜肉馅很难保存。加入蒜末能短暂抑制细菌生长。最后放入香米，担当风味的使者和催化剂。充分搅拌后，米粒和肉馅难分难解。分小段扎紧，肠衣内的食材获得独立发展的密闭空间。乳酸菌渐渐苏醒，与肉中的油脂情投意合。阳光和风，联手促成这桩美事。

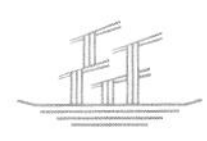

左页上 | 酸香肠制作-晾晒
左页下左 | 烤酸香肠
左页下右 | 烤酸香肠成品

天色微明，泰苏嗒已开始忙碌。小店以前全靠母亲打点，酸香肠是招牌小吃。泰苏嗒在店里长大，现在她要尝试独立经营。

香肠在泰国的历史有 400 多年，集保存和加工手段于一身。

人、空气与微生物协作，通往迷人的酸爽之境。淡淡的蒜香、发酵的微酸，以及油脂的芬芳，在一起缠绵周旋。

今晚，泰苏嗒制作的香肠要接受大家的检验。经过 3 天发酵，乳酸菌带来温和悦人的酸。在微生物的作用下，小肉蛋筋道弹韧，又不乏鲜美水灵。对泰苏嗒来说，晚餐的成功意味着一个新的开始。

从一粒米身上，东方人抓住蜕变的苗头，把不利于保存的炎热，变成抵达风味的通幽曲径。

右页上 | 泰苏嗒整理香肠
右页下 | 酸香肠

220.-
320.-
400.-
100.-
120.-

autorizzato dal MiPAAFT

叁 | 萨拉米

意大利　托斯卡纳　基安蒂格雷夫镇

意大利　托斯卡纳　佛罗伦萨

发 酵 滋 味 的 进 阶

利用发酵，泰国人改变了香肠的适应能力；远在 8000 公里外，人们对发酵有另外的应用之道。

意大利托斯卡纳，75 岁的斯蒂法诺是镇上的明星。肉食店由祖父创办，如今已延续百年。肉食店生命力持久的秘密，藏在小镇角落的作坊里。

盐、黑胡椒和野茴香籽混合，这是多年不变的秘密配方。徒弟已经有十多年经验，是斯蒂法诺的左膀右臂。但要获得真正的美味，他需要另一个得力助手。

夏季炎热干燥，冬季温和多雨。独特的气候和地理位置，让托斯卡纳成为天然发酵场。空气里的微生物，肉眼无法察觉，但其造化之力清晰可见。斗室里，弥散着浓重的发酵气息。软软的白色绒毛，是萨拉米香肠发酵良好的信号。

左页上 | 萨拉米
左页左下 | 萨拉米发酵
左页右中 | 主人公斯蒂法诺
左页右下 | 萨拉米

小镇紧邻佛罗伦萨，这座以艺术和浪漫著称的历史古城，美食是它的另一副面孔。有种小吃风靡街头，离不开香肠的光彩。新烤面包切开，红亮的香肠片下薄薄几层。短时发酵的碎肉萨拉米，鲜味之外，有淡淡酸香。

斯蒂法诺在年轻时梦想周游天下，却很少有机会离开。如今，世界各地的人慕名前来，食物用奇妙的方式替他完成夙愿。

肠衣内的微观世界，一片丛林蓄势萌发。青霉菌占据上风，平衡乳酸菌生长，香肠在脱酸过程中实现滋味的进阶。

保护和放大萨拉米的鲜明个性，不加烹饪的冷切是最自然的选择。分散的肉粒被肌球蛋白黏合，如浑然天成的凝胶。大理石纹的油花，散发娇艳的玫瑰色泽。蛋白质分解出氨基酸，带来火腿般深邃醇厚的味道。鼠尾草、迷迭香的清爽，衬托不同质地和口感的萨拉米，让人心旷神怡。周末，亲友小聚，女儿也从佛罗伦萨赶来。在斯蒂法诺的世界里，萨拉米是衡量一切美味的标尺。

因为萨拉米的滋味和本地出产的葡萄酒，午后的小酌再无缺憾。利用不可见的微生物，让脂肪和蛋白质转化出浓郁芳香。东方和西方相隔万里，却沿着相似的方向，收取各自的精彩。

右页上 | 斯蒂法诺和店员合影
右页下 | 意式冷切肉拼盘

VILLANI
00000247

肆 | 莫泰塔拉

意大利　博洛尼亚

肉 食 王 国 的 奇 观

香肠，大概是这个地球上包容性最强的食物。当传统技法拥抱现代科技，边界一再拓宽，从外在到内涵，造就肉食王国的奇观。

猪肉混合开心果和桃金娘浆果，打成柔滑的肉糜。数人合力，灌装后捆绑塑形，单个长度可超过两米。

莫泰塔拉，世界上体形最大的香肠。粗犷的外观下暗含水润和细腻。切成大而薄的肉片，卷上奶酪，让人难耐品尝的冲动。

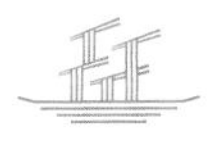

左页 | 莫泰塔拉

伍 | 墨鱼香肠

中国　台湾澎湖

风 味 知 时 节

大抵好吃的东西都有个季节，逢时按节地享受一番，
会因自然调节而不逾矩。
——梁实秋

澎湖第三渔港，新鲜渔获在凌晨抵达。不管是靠山还是靠水，在地食材轮番登场，丰富着肠衣里的花花世界。

丰饶的物产，让台湾在地食物一向繁盛。在中国，台湾是香肠种类最丰富的地区。从传统到新式，或咸香或甜润，香肠花样百出，装点着欢腾的夜色街头。

墨鱼质地独特，让蔡文启的灵感有了落脚点。剖开腹腔，摘出完整墨囊。墨鱼的长肌纤维朝不同方向伸展，软滑难嚼。每分钟 180 下暴捶，肉质松弛而不失弹韧，口感大大改善。挤进墨汁，对色彩和滋味进行双重塑造。在黑色的掩盖下，各种食材不动声色，等待风味的牵引。小巧的一节，将陆地与海洋的味道一举囊括。

左页 | 墨鱼香肠

10 多年前，蔡文启夫妇从零开始，学习香肠的制作。由起初的赤手空拳，到今天的事业小成，离不开澎湖的本地食材和一次次尝试创造。食材越是新鲜，越能彰显这种香肠的美好。慢火轻煎，表皮泛起焦酥的金黄。猪肉被墨鱼汁浸透，染上标志性的黑色。墨鱼肉白嫩如初，脆弹有嚼劲，令齿舌欢喜。

蔡文启眼光挑剔，今天他有特定目标。9 月造访的墨鱼，体硕肉肥。用海水反复冲洗，剥除坚韧的外皮。墨鱼肉质地紧实，做成肉丸煮熟，洁白柔嫩，牙感 Q 弹。结婚十几年，夫妻俩依靠当地海产，换来一家人的稳定生活。

传统味道叫人恋恋不舍，天马行空的尝试也让蔡文启着迷。将猪肉搅碎调味，加上新鲜的飞鱼子。小心翼翼，保证鱼子完好不破。开文火油煎，焦脆的肠衣内，圆润颗粒融进丰腴的脂香。

在澎湖，墨鱼最肥美的时间只有两个月。匆匆小聚，再会须待来年。

右页上 | 大肠套小肠
右页下左 | 墨鱼丸
右页下右 | 飞鱼子猪肉香肠馅

德国巴伐利亚香肠拼盘

陆 | 德国白肠

德国　巴伐利亚　慕尼黑、彭茨贝格

刚 柔 并 济 的 滋 味

古老的地方总是时空交错，而我将在其中的某一点上开始新的一页。

——[美]弗朗西丝·梅耶斯

10 月，慕尼黑秋意渐浓，而人们对美食的感情依然炽热。德国是香肠种类最多的国家，如果每天品尝一种，连续吃上 4 年也不会重复。有了啤酒、酸菜和香肠，德国人的快乐就无处遁藏。

200 公里之外的彭茨贝格，施密特每天的安排像时钟一样精确。这是小镇唯一的香肠店，有 110 年的历史。81 岁的老父亲早已退休，但每天还在店里坐镇。从腌制到发酵，或新鲜或久存，用丰富的口感质地，多样的风味和气息，满足镇上一万多人的胃口。有一种香肠只在周四供应，这是延续百年的惯例。

小牛精肉和猪肉肥膘以 2 ：1 的比例搭配。加入冰块，降低刀锋高速运转的温度。刀片孔径 3 毫米，1 公斤原料被切割成 8 万个细小微粒。适时加入欧芹，增添植物清香。肉块打成乳状，绵密黏稠如同奶油。

白肠，施密特家族的骄傲。75℃盐水浸煮，维持肠衣内的柔嫩口感。投入冰水，快速降温。冷热之间，提升其细嫩跳弹的质地。

右页上 | 各种香肠
右页下 | 德国白肠

德国每个地方都有特色鲜明的香肠。在慕尼黑，白肠最受欢迎。周四，父亲和老友以白肠的名义相聚，像教堂的钟声一样没有意外。如今，老人家依然在意食客的评价。

大碗温水，呵护白肠的香肌玉肤。因为含水量高，这种香肠赏味期极短。几代人兢兢业业，守住食客的称赞和不变的味道。

白肠的细软嫩滑中隐藏十分力道，轻微按压也会遭遇倔强的反弹。美味来得就是这样柔软而坚决。

小镇恰好比作坊年轻 10 岁，今天，它迎来建制 100 周年庆典。施密特带着儿子参加。

又是一个周四，儿子也开始学习制作香肠。如今先进的设备和精准的指标，让一切变得简单可控。但要让味道恒久，除了专注和坚守，似乎并无捷径。

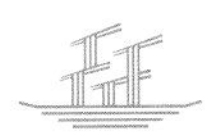

左页上 | 德国啤酒节拼盘菜品
左页中 | 肉糕与面包
左页下 | 德国咸猪肘

柒 | 曼加利察猪肉肠

匈牙利　布达佩斯、沃什堡

外 拙 内 秀

我们走过的每一个平凡的日常，也许就是连续发生的奇迹。

——[日] 新井圭一

小寒过后，中国进入最冷的季节。从北到南，各地都会杀猪迎岁，这是农耕时代留下的古老遗存。仿佛心有灵犀，数千公里外的匈牙利，有几乎完全相同的习俗。

全球每年要吃掉 1000 多亿公斤猪肉。有一个品种，风味十足，肌间脂肪饱满均匀，它被公认为世界上最肥美的猪肉。它的美好值得付出十足耐心。油煎出香，再用调味料和猪油覆盖。密封后低温慢煮 24 个小时。再次烘烤，让表层酥香，鲜嫩肉汁充分保留，绵柔的香气和入口欲化的质感，更让它卓然不同。要领略它的美味，最好等到深冬时节。

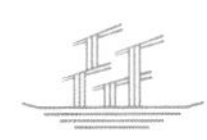

左页 | 曼加利察猪排配自制香肠
右页 | 绵羊猪

在瑞卡眼里，“披着羊皮的猪”，是一个神奇的存在。曼加利察猪，物种古老，一袭卷毛给它带来“绵羊猪”的雅号。绵羊猪在匈牙利一度濒危，经过人们几十年的努力，种群才得以恢复。

按照习俗，宰猪节期间，瑞卡的爸爸和爷爷会照例制作香肠。不同香料排列组合，每家依口味自主掌握。辣椒粉最为醒目，这是本土的味觉标识。果木和杜松木烟熏两天，低温阴干，芳香分子缓慢渗透。在酶的作用下，脂肪分解出多种风味物质，美味缓缓而成。

匈牙利是中欧的香肠集散地，曼加利察猪肉肠作为本土美食，备受人们喜爱。天气转暖，农场里家庭小聚，瑞卡家的各种香肠迎来最美味的时刻。

有一道传统菜，必需烟熏肠的加持。豆子的清香和香肠的厚味，在汤汁中如胶似漆。新鲜灌制的香肠更适合炙烤，趁热配上奶酪享用。但瑞卡最爱风干的烟熏肠，肉质更加红润紧实。无须加热，切薄片直接生食，油脂香味在口腔流连不舍。

有些食物，内秀于心而藏拙于外，奇妙之处最适合跟至亲一同分享。

右页上 | 嫩烤曼加利察猪排
右页下 | 曼加利察猪肉肠

捌 | 川味腊肠

中国　四川雅安

记 忆 中 的 风 味

阳光穿透大山和冬日的薄雾，又到了四川人做香肠的时候。对四川人来说，杀年猪，吃过刨猪汤，才算正式入冬。

68 岁的卢德英和老伴开始张罗过年。儿女都在外地工作，只有春节才可能将家人聚齐。最疼爱的孙女刚放寒假，第一个赶了回来。孙女自幼跟祖母生活，3 年前进城读书，从此聚少离多。

自家种植的花椒，舂捣成粉末。红辣椒炒制后磨碎，香辣扑鼻。猪前肩肉肥瘦三七开，切块，尽量保留土猪肉的原有质地。红艳的辣椒送上火热的灼烧感，花椒让口舌酥麻生津。调味料性情奔放，卢德英在手中拿捏自如。自家香肠，做起来从来不用着急。

左页 | 四川腊肠
右页 | 卢德英和孙女

猪肉依旧保持完整的块状，装进猪肠，用细麻绳系紧。旧有味道和祖母从小掌握的方法，就像屋檐下的时光一样不曾更改。只有耳畔的清风和山间的流云，一年年往去来回。

雅安地处四川盆地向青藏高原的过渡地带，冬季潮湿阴冷。人们要用更多手段促进美味发生。香杉树连同枝叶放入火塘，烟雾里的香味物质，与肠衣中的脂肪、蛋白质交合，酝酿出浓郁芬芳。至少半个月的缓慢熏烤，赋予腊肠迷人的馨香，和超越新鲜的悠远厚味。

岁末和家人一同到来，锅灶也迎来久违的喧嚣。

腊肠的功夫已在前头做足，无须高明的手段和复杂的佐味，或蒸或煮，能烘云托月，也可自成篇章。跟“小鲜肉”不同，腊肠的滋味更加复杂，肉香里裹着鲜味，麻辣后不忘甘甜。曾经冷暖和风霜的味道，如此熟悉，存在于岁月的日常烟火中。

连州，胡本洋夫妇期待儿子的下一个归期。

泰国，泰苏嗒的课堂依旧准时开启。

意大利，小镇阳光尚好，

斯蒂法诺酝酿美食，也带来欢笑。

大千世界，山高水远，

每一条风味的古道上都能遇到美味的热肠。

心心相印，肠来肠往，

于悲喜欢欣的人间万象中，尽诉衷肠。

从泥土里蓄积能量
在幽暗中沉默滋长
一朝破土，却改写了人类饮食历史

盘盏中的调味辅佐
餐桌上的主食担当

丰硕根茎
朴素的外表下
性情慷慨而激越

唇舌间五味杂陈
品味几度寒暑与春秋

壹｜土豆粉条

中国　黑龙江双泉村

肉 食 绝 配

10 月的东北，秋收接近尾声。大忙人张立善，是村里的“信息集散中心”，小广播不时发送最新的实用资讯。晨间播报结束，不过早饭时间。

谷物淀粉碾压定形，类似的条状食物 4000 年前在我国就已出现。简单的一餐后，老张要投身另一番忙碌。

村口的粉坊里，材料已经备齐。秋末开工，每年忙碌一个月，只加工一种淀粉充足的食材——土豆。

一进粉坊，热心的老张就变得格外挑剔。40 多年功夫在手，他是整条流水线运转的轴心。从土豆中提取淀粉，加入开水，反复揉捏。力道和时间必须由张立善亲手把控。淀粉分子彼此牵扯，形成稳定的胶体质地。全力拍打，黏稠的粉浆化作涓涓细流。在沸水里熟化定形，快速投进冷水。冷热交替，晶莹的粉条软弹顺滑。直接捞起，鲜粉条让工作餐变得简单。

左页上 | 干捞粉丝
左页下 | 桂花炒粉丝

粉条，气味清淡，便于吸纳其他食材的色泽与味道，柔顺的质地中暗藏反弹之力，贡献非同一般的口感。低调的粉条，在中国各地坐拥海量忠实粉丝。

最后一道工序，由秋日的阳光和空气接手。入冬前暖意几许，蒸发多余水分，注入太阳的气息。气温持续走低，冰冻之前，最后一批粉条晾晒完毕。

张立善再次着手张罗，安排大伙儿的物质和文化生活。粉坊的聚餐照例丰盛。

粉条作为肉食绝配，是炖菜里的熟客。肉中的蛋白质和氨基酸融入汤汁。粉条来者不拒，吸收肉的鲜美、汤汁的热度，入口爽滑无阻，收获脂肪与碳水相拥的欢畅。

右页上 | 晒土豆粉
右页下 | 素包子

贰 | 秘鲁土豆

秘鲁　皮萨克、马拉斯

丰 收 之 神

▌那些感受大地之美的人，能从中获得生命的力量，直至一生。

——[美] 蕾切尔 · 卡逊

中国人通过转化赋予土豆新的形态，而地球另一端，是土豆世界之旅的起点。大约一万年前，印第安先民“驯化”了土豆，他们也成为美洲最早的农夫。

11 月，塞西利奥一家整装待发。这是南半球春耕的季节，连续攀爬一个小时，海拔上升至 4500 米。高寒气候，其他谷物难以存活，土豆成为最重要的食物。人们尊土豆为“丰收之神”，一朝播种，决定一年的生活。山高路远，加上没有助力耕作的牲畜，塞西利奥仍然和祖先一样，依靠自己的脚和手播种和收获。

食材就地焖烤，这种古老的烹饪方式，当地人称作“花提亚”。烘烤使淀粉颗粒膨胀，干燥疏松，散发麦芽般的香甜。

左页上 | 主厨展示炸水晶土豆薄片原材料
左页下 | 土豆创意菜

如今，全球土豆年消耗量约 4 亿吨。这种传奇食物，有人视为主食，也有人把它做成可口的菜肴。被人类驯化至今，一万年间变身无数，仅在秘鲁就发展出 3000 多个品种。

新鲜土豆含水量高，难以长期储存。巨大的昼夜温差，破坏土豆的细胞，使其析出大量水分。反复踩踏，进一步改变其质地。几经处理，土豆的保存期能延长几年甚至更久。

浓缩的冻干土豆，当地语言读作“初纽”。绵密紧致，口感丰富，不只有谷物的清香，质朴的微酸也如影随形。穿越悠长的岁月，旧时的味道抵达今日，依然鲜活清晰。“初纽”粉糊碾成薄饼，油炸后满口轻盈酥脆。

右页左上 | 土豆创意菜
右页左中 | 烤土豆
右页右上 | 土豆创意菜
右页下 | 秘鲁土豆

在秘鲁名厨手中，古老食材融进俏皮和时尚的元素。利用不同土豆多彩的质地，精心将餐盘搭建成一座美味的神秘花园。传统的花提亚，也得到微缩呈现。食物的生命力，在溯源与创新中，茁壮生发。

万灵节是盛大的节日，当地人走上街头，欢歌、拥抱。人们丢掉悲伤，用欢乐和美食追忆逝者。献给祖先的食物，要全家人一起制作。土豆作为古印加文明的基石，被视为有灵性的食材。平日三餐必备，今天更是不可缺席。

小火慢熬，获得黏稠的土豆泥，与肉食搭配，香热弥漫，熨帖的润甜若即若离。这是努力与土地和先祖沟通的时刻，一年一度，食物充当其中的信使。人和手中的土豆，同样栖居于大地。彼此独立，又互相依存。

深埋在土地之下的根茎作物，化成百般滋味，让亿万人获得温饱和满足。

追本求源，正是土地的厚广，在大音希声的沉寂中滋养万物。

左页上左 | 土豆创意菜
左页上右 | 牛心牛骨
左页中左 | 炸水晶土豆薄片礁
左页中右 | 土豆泥配煎肉
左页下 | 万灵节祭祀

叁 | 白芦笋

法国　阿尔萨斯新村

绝 世 独 立

在漫长的历史中，人类依赖土壤，创造了灿烂的农耕文明。为了得到泥土下的丰美食材，我们不断改造自然，甚至重塑某些植物的天性。

莱茵河西岸，数百年精耕细作，大地的景观已经彻底改变。人工培土，为一种奇妙作物营造幽暗环境。娇嫩的白色茎芽，以惊人的速度疯长。两个月的收获季，农夫要昼夜颠倒，完全改变作息。

白芦笋，茎干洁白，如春天的清晨一样新嫩。

左页上 | 白芦笋生长
左页下 | 鱼排时蔬配白芦笋

阳光是强大的敌人，一旦经受日晒，白芦笋会迅速变色。离开土地，白芦笋的糖分和汁液会快速流失，烹饪在3个小时之内进行，才能品尝到最佳风味。

早在古希腊时期，芦笋就被奉为珍馐。400多年前，欧洲人在普通品种的基础上，培育出品质更加卓越的白芦笋。上好的白芦笋，不仅需要农夫的精心呵护，也离不开农田的养护和土壤的保墒。

在法国，白芦笋与松露同享盛名。每到白芦笋尝鲜季，这里总会吸引欧洲各地食客。

将白芦笋去皮后，立即浸煮。水嫩净洁，毫无纤维感。素雅的品质让它保持独立，又亲和百搭。

与美味肉食出双入对，究竟谁主沉浮，只有老饕才心知肚明。

右页左上 | 瑶柱烩饭配白芦笋
右页左中 | 白芦笋创意菜
右页右上 | 白芦笋酒
右页下 | 白芦笋果篮配芦笋蛋糕

D'ASPERGE

VIN D'ALSACE

肆 | 山药

中国　河南焦作马冯蔺村

恬 淡 如 斯

在中国，另一种根茎作物，对土壤的肥沃程度有同样高的要求。

这种作物的珠芽，古称“零余子”。铺在薄饼上蒸熟，趁热撒白糖，吃到它，意味着真正的收获即将开始。

跟白芦笋相似，它最美味的部位深埋地下。山药，原产中国的古老蔬菜。在当地，每收成一季，必须轮耕其他作物，让土地得以休养。

淀粉充裕的山药，在加热后得到又沙又软的质感，具有极强的可塑性。

它本味恬淡，与其他食材相敬如宾，安守一份软糯与甘香。

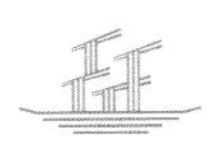

左页上 | 山药豆
左页下左 | 山药
左页下右 | 山药豆蒸糕
右页 | 话梅淮山

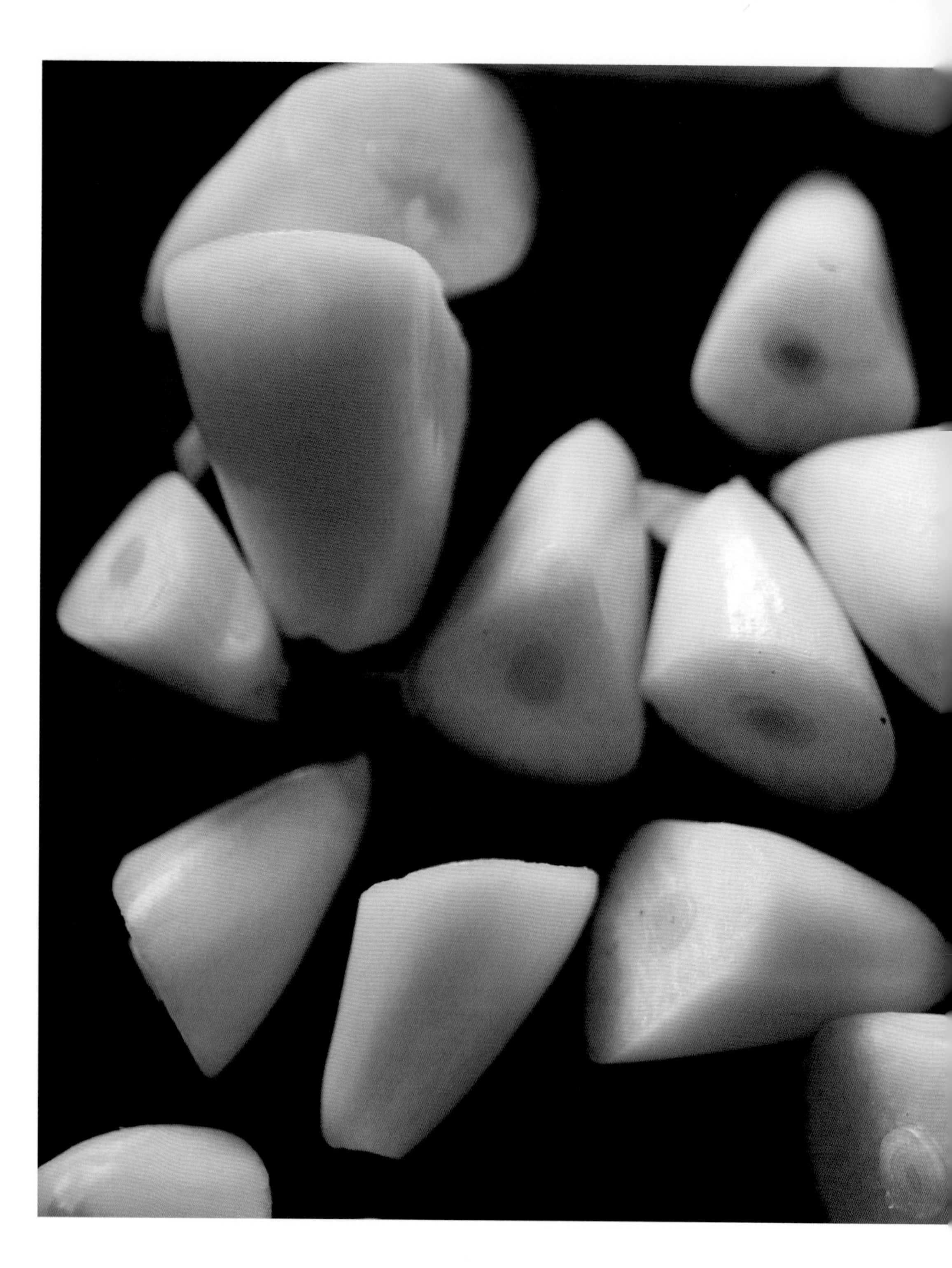

伍 | 大蒜
烈 性 柔 情
蒜

中国大蒜

四 海 皆 准

中国　甘肃洪水镇烧房村

▌表面看上去，最最出人意表之事，往往是最自然不过的事情。
——[奥地利] 斯蒂芬 · 茨威格

根茎类食材作为菜和主食，在我们的食单上占据半壁江山。其中特立独行的一类，气息浓烈，却成为号令五味的“灵魂担当”。

正值农忙，邵金莲给家人制作午餐。胡麻油、姜黄、香豆粉，丝绸古道千百年间传来的食材，在面团里齐聚。层层卷叠，在鏊子里码平。再用麦秸覆盖，焖烧而熟。

村外，人们用双手迎接土地的奉送。大蒜，朴拙的外表下，藏着催人泪下、欲说还休的别样风味。祁连山北麓，2000 多年前，大蒜从中亚一路风尘而来，传播至大江南北。烧壳子，焦酥的脆皮下，面瓤咸香。蒜收时节，装点小院里的午间茶饭。

右页上 | 蒜辫
右页下 | 腊八蒜烧牛肚

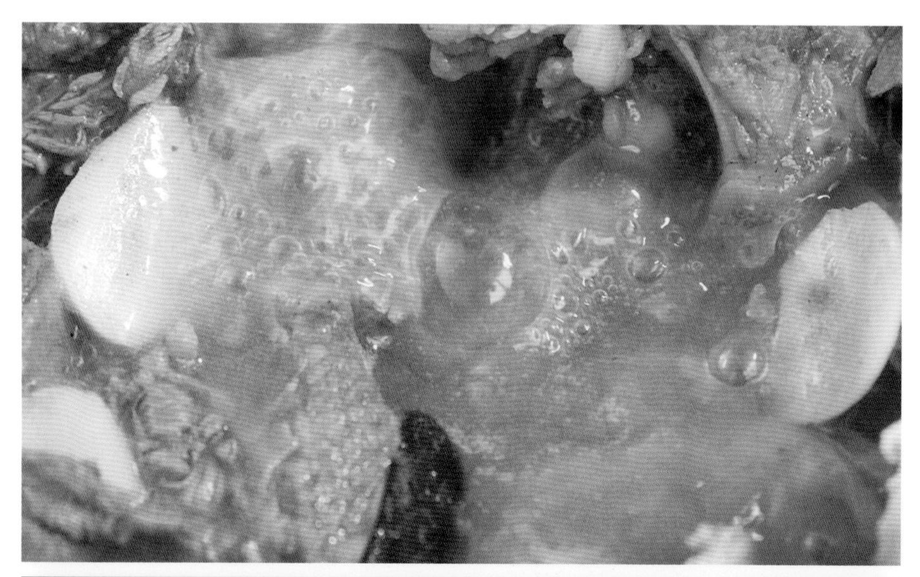

刚采收的大蒜汁水丰盈，容易霉变腐坏。编成精巧的蒜辫，确保蒜头与空气充分接触。暴晒会导致表皮开裂。在屋檐下依次悬挂，借助风的力量实现脱水。晾晒数日，风味更加浓厚。刀切或研磨，细胞壁破裂，大蒜素溢出，释放强烈的刺激气味。

对于大蒜，中国各地有不同的诠释。高温油炸，焦香之外有糖分带来的诱人褐色，用余温继续烹炸。金银蒜，浓妆淡抹，岭南人用它搭配清甜的海鲜，两股强劲的辛香，一击而发。中国北方会利用低温和食醋重塑它的风味。低温带来碧绿的色泽，辣度神奇降低，浸染醋的甘酸。与牛肚一同爆炒，腊八蒜的爽脆，牛肚的香腴，你推我让，一唱一和。

结束忙碌，老两口儿要给孩子们打打牙祭。西北人讲究大口吃肉，羊肉斩大块，猛火热油烹炒。气味强烈的大蒜，却成为独具魅力的肉食调味品，在餐桌上一呼百应。浸染了浓浓蒜香，羊肉的肥腴和丰美更加淋漓酣畅。

这种“性情暴烈”的食材，表面上拒人于千里之外，却以实在的宽厚和包容，成为世界性的基础调味品之一。只要烹饪得法、搭配得当，壮怀激烈的大蒜，也能流露春风化雨般的柔情。

左页上 | 大蒜焖羊肉
左页下 | 金银蒜蒸老虎虾
右页 | 腊八蒜

罗马尼亚大蒜

罗马尼亚　布拉索夫、博托沙尼

美 味 的 渡 桥

洪水镇向西 6000 多公里，另外一个国家也深深为大蒜着迷。这里的一座古堡，因吸血鬼的虚构故事闻名遐迩。

古堡脚下的餐厅，大蒜是每道菜的主题。在罗马尼亚，蒜不仅代表某种神秘的震慑力，也是通往美味的渡桥。罗马尼亚人对大蒜有狂热的偏爱，它在食单、传说乃至一些民间药方里扮演主角。

米雷拉热衷于用大蒜制作各种创意菜品。蒜和香料，让米雷拉的灵感在清晨起飞。加工手段多样，搭配组合随心所欲。或时尚，或传统，每一道菜都离不开大蒜的参与。从山野到厨房，米雷拉努力通过美食触摸世界。作为职业厨师，米雷拉只有 3 年经验，她努力寻找一种途径，让自己的烹饪更具特色。家里的小小厨房，依旧是每个创意的起跑线和实验室。撒胡椒烘烤后，用奶酪笼盖。米雷拉希望突破边界，使蒜头从佐味料晋级为主菜。万圣节晚餐，新式菜品将迎来亲友的评点。大蒜烈性尽消，焦香挥之不去，柔嫩中竟然泛起清甜。

右页上 | 焗大蒜

右页下左 | 黑蒜黄油　　右页下中 | 蒜香蘑菇　　右页下右 | 牛肚汤配黑蒜

陆 | 魔芋

中国　贵州安顺

化　毒　为　宝

大地掩藏的物产连同挑战一起，源源而来。

左页的街头小吃，看似单纯，妙趣横生，然而来自一种毒性极强的植物根茎。魔芋，又称蒟蒻，内含大量生物碱和草酸钙，少量误食也可能引发强烈不适。

不过，中国人在1700多年前就找到了它的降服之道。剥去外皮，在粗糙的石板上细细研磨。加入草木灰，创造碱性环境，沉淀数小时，魔芋浆凝结成胶状体。取出中心质地最紧实的部分，碾压成薄片。熬煮定形，进一步去除毒性，得到魔芋制品的精华——魔芋筋。

魔芋筋虽然无色无味，却凭着脆弹筋道的口感，惹来甜咸酸辣一众厚味竞相追捧。

魔芋筋做工复杂，耗时费力，今天只在极少地区才能偶尔一见。

左页上 | 炸魔芋
左页下 | 魔芋筋

柒 | 阳荷

中国　湖北恩施天落水村

山 野 清 冽 之 味

8月，湖北恩施暑气难消。一种山野之味恰恰在这个季节萌发。

泥土里探出的花苞，在当地被叫作“阳荷”。它长势飞快，人们必须赶在纤维老化前采摘。阳荷味道清新，当地人喜欢用它制作泡菜。乳酸菌的点化之功，赋予它张扬的性格。新鲜食用也别有天地。可冷食，也能热炒，众多食材旁敲侧击，为水灵爽口的阳荷助威喝彩。静置一夜，在酸的作用下，阳荷呈现漂亮的水红色，舒心悦目。

炎炎夏日，发酵带来迷人的清冽和酸爽，几乎让人忘记，这种鲜嫩的山野之物，竟然有一味老辣的近亲。

左页上 | 阳荷
左页下 | 喃咪酱拌阳荷
右页 | 阳荷切面

中国　福建泉州

捌 | 姜

调 味 之 神

相比盛行一方的地域小食，另一种根茎类食物雄踞调味品榜首。它以鲜明的滋味，“调教”中国人的家常茶饭。

纪阿姨的餐馆，已开张40多年。二女儿是母亲的主要帮手。10只砂锅全年无休，里面焖炖着闽南地区的当家名吃。它的味道取决于一种核心食材。

秋季，生姜收获。深埋地下的块茎，风味还需要时间沉淀。姜窖依山壁开凿。层层叠放，恒温中缓慢阴干，鲜姜在失水后辛辣度提升。

中餐烹饪调味，葱、姜、蒜“三味一体”，姜是其中的核心。除了调味，姜另有妙用。广东人把牛奶冲入姜汁。姜所含的酶，使酪蛋白形成网状结构。

姜撞奶，一派浓重乳香，丝丝辛辣，呼之欲出。

左页上 | 姜
左页下 | 姜撞奶

清晨，纪阿姨总是第一个到店，这是她多年养成的习惯。小店不大，主打菜品就是一道：姜母鸭。

鸭子必须新鲜，每天准时送达。陈年老姜，在当地又称“姜母”，是定夺风味的关键。半斤姜片打底，多种调味料前赴后继，最后出场的是正番鸭。煲煮2个小时，汤汁浓郁，肉的鲜美和姜片的辛辣难舍难离。有姜母的温存以待，酥烂入味的鸭肉，平添几分热度和浓郁醇香。

当年，纪阿姨一边操持小店，一边带大三个儿女。如今，女儿循着母亲曾经的轨迹，用双手掂量生活。

蒸腾的热气，氤氲的芳香，味道亲切如初。

多少倏忽而过的往事，鲜活如在眼前的笑靥，又悠长得仿佛几度轮回。

左页上 | 姜母鸭
左页下左 | 泡姜鸭杂
左页下右 | 泡姜鸭杂制作

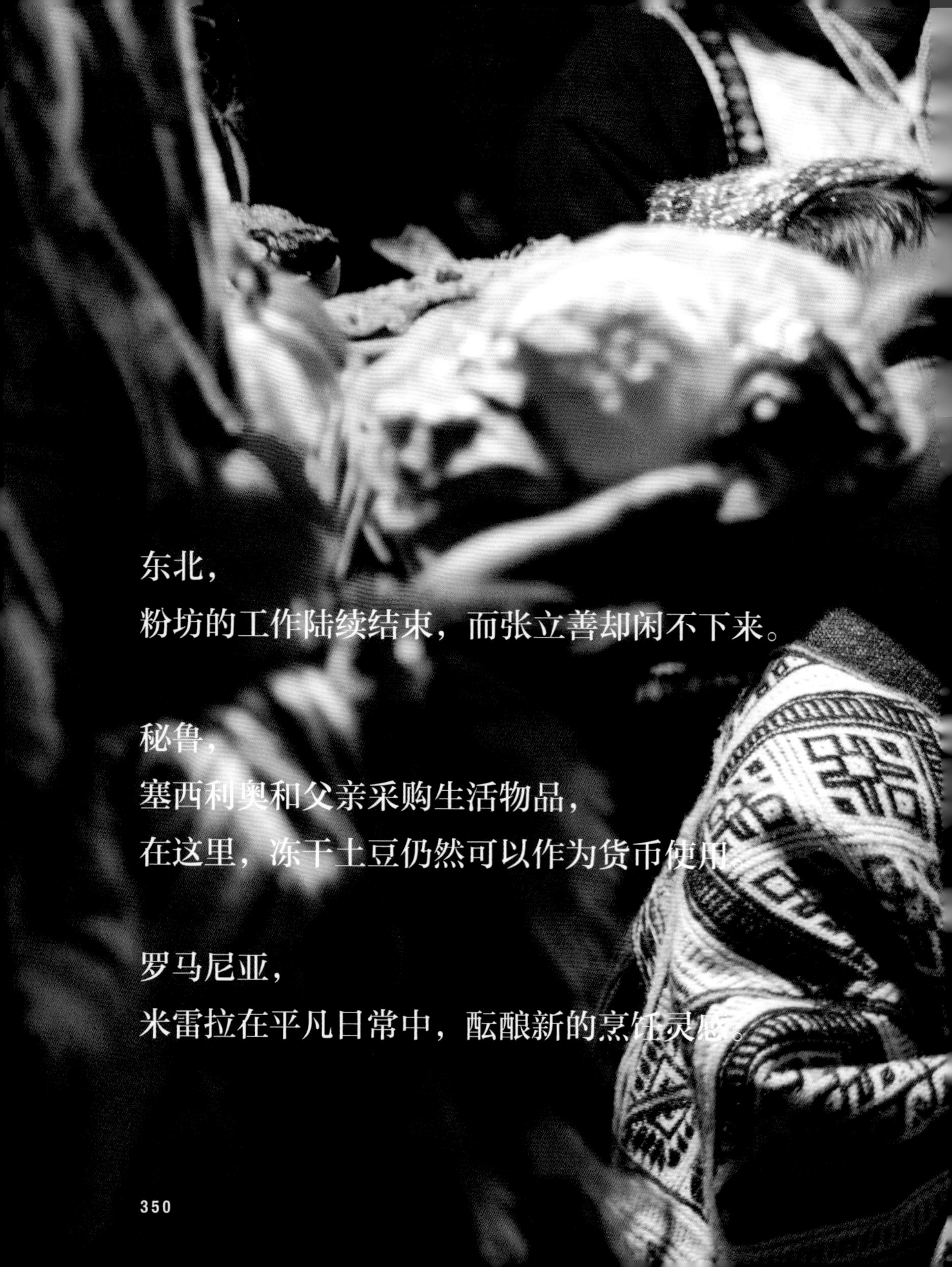

东北，

粉坊的工作陆续结束，而张立善却闲不下来。

秘鲁，

塞西利奥和父亲采购生活物品，

在这里，冻干土豆仍然可以作为货币使用。

罗马尼亚，

米雷拉在平凡日常中，酝酿新的烹饪灵感。

尽管枝叶繁多，但根茎只有一个。

——[爱尔兰]威廉·巴特勒·叶芝

根茎满足温饱，
带来口舌之欢。
大地凭孕育和造化之力，
从泥土中生发出我们最大的幸福。

主创人员名单

出品人 孙忠怀

总制片人 马延琨

总策划 王娟 韩志杰

商业总策划 王莹

总编审 黄杰

制片人 朱乐贤 张平

商业总监 孔育昭

市场总监 赵婧

总顾问 沈宏非 蔡澜 陈立

首席科学顾问 云无心

解说 李立宏

作曲 阿鲲

总导演 陈晓卿 李勇

美食顾问【按首字母排序】

边疆 蔡昊 陈万庆 大董 董克平 杜开洪 冯恩援
扶霞 傅骏 敢于胡乱 海鲜大叔 侯德成 华永根
黄珂 焦桐 柯伟 林珂 刘波平 罗章 洛扬 眉毛
米夫 彭树挺 石光华 孙润田 万夏 汪学德 王刚
王开发 王旭东 夏燕平 小宽 闫涛 颜靖 余维庆
张新民 张勇 周晓燕 庄祖宜

科学顾问

史军 瘦驼 萨鱼 顾有容 默识 庄娜 玉子
周卓诚 宋英杰 成永旭 吴旭干 王成辉 马洪雨
陆剑锋 常耀光 娄永江 黄超 刘萍 郭亦城
钱程 任辉

学术顾问

韩茂莉 俞为洁

总策划 罗文斌

导演组

郭安 乔永志 傅娴婧 刘殊同 丁正 张棚珲 郭柳
姜阿仪 杨超 杨琛 樊小飞

摄影

王永明 郑毅 路仁 易楠 田玉劲 王垚 刘鹏飞
危凯 王言 赵礼威 金延哲 张宽 老狼 吴剑
张荣 徐澎 张靖煜

剪辑

贾振伟 王鹏 焦璐 刘西宁 郭刚 张文杰
郭晨宇 赵亮 龙健 杨跃强 单晨童 胡艺馨
翟亚平 夏爽利 刘然

跟焦

郝蓬松 魏威 刘振江 梁小光 何新

灯光

孙永伟 张书玉 杜红 宋涛 王亮 宋英豪
宋占星 王建磊 赵光辉 张林杰 臧东亮 张红阳

航拍

雷俊　张连峰　Chin Weng Tuck　梁鑫　吕新雨
段淇予　李牧泽

录音

大初　曹挺　朱振锋　二虎　刘猛　刘仝　顾思远　许路平

显微摄影　朱文婷　李佳倩　缪靖翎　梁琰　孙大平

特殊摄影　Chris Tan　张冉怡

调研员

薛文晶　谢书韵　王紫懿　冼琬奇　武晓　张昀
信娜　孙思洋　毛惠　张昀　范雯　林姣萌
邓喆　王婧怡　余弦　徐小璐　伊兰琪　成恩仪
姚力语　陈柏延　智翔　刘庆　许多多　付云飞　辛灿
苏婉　李佳源　邓国煜　陈慧敏　吕思航

剧照摄影

赵涛　赵崇为　钱御蛟　刘速　陈尤麒　陈泽虹
王立国　蔡旭　徐帆

制片主任　李慷　牟灵玲
宣介主管　何是非
播出主管　李洁　丁木
总导演助理　李冀璐
制片　余春阳　杜昀峰　罗婧瑜　韦牧馨
财务　霍岩　唐甜甜　任翼
技术统筹　李浩　段淇予
责任编辑　郭月月　赵梦男
商务执行　高轶成
宣传推广
吴迪　梅姗姗　李珈琦　易博文　杜亚峰　王晓彤
盛丽玮　林泓毅　赵丹宁

执行制片人　胡婧雯
助理制片人　李奇桐
运营统筹　周茉　左玲军
运营策划　陈雅　刘嘉楠
商业统筹　王慧臣
商业制片人　王志文
商业执行　单芷欣
IP 授权视觉统筹　赵云飞　杨坪　陈星宇
IP 授权商业拓展　高强　张璇
IP 授权商业运营　余昕　刘钊
市场统筹　马洁
市场推广　何博　曹茹月
版权发行　王爽　肖婉晴
技术总监　赵文静
技术制作　刘伟　杨涛　牛晓玲
法务支持　曾磊　陈中　钱洋　刘迪琨
财务支持　杨琨　贾帆
税务支持　孙涌涛　陈莹
维权支持
邹良城　刘政操　彭帆　王嘉佳　王金凤　杨焯寒
刘可人　张祺　黄雪晴　邓蕾
声音总监　凌青
声音主管　刘颖　黄钧业
音效总监　孔雪　陈硕
声音制作　秦川　王燕　吴维
演奏　英国皇家爱乐乐团
指挥　阿鲲
混音　Nick Wollage
配器　Geoff Lawson　阿鲲
CG 视效设计　凌涛
CG 视效统筹　林君
CG 视效指导　杨凯　安显赫
CG 视效制作　聂景刚　李炳锐
调色师　胡旭阳　徐骏
调色制片　王诺雅
调色助理　陈建飞
前期设备提供　中视晨阳
视频合成　谭文晖
海报设计　竹也文化
新媒体海报　缤旎文化　庚乾文化
片头片花　刘振宇　王溦　太空堡垒　点维文化